世界遺産の自然の恵み

日本生態学会 編
増澤武弘・澤田 均・小南陽亮 責任編集

エコロジー講座6

文一総合出版

はじめに

日本では、ユネスコによる世界遺産として、1993年に屋久島、白神山地、2005年に知床、2011年には小笠原諸島が登録されました。この世界遺産について、地球規模の取り決めである世界遺産条約では、「指定された遺産を保護、保存、整備して、将来の世代へ伝えることを確保することが締約国の義務である」としています。それぞれの世界遺産において、生態系の保全や適切な利用を実現するためには、基本的に生態学の研究者による基礎・応用両面における学術的な取り組みが不可欠です。

本書では、世界遺産に登録・指定されている地域での、生態学的観点からみた現状、課題、展望を相互に比較し、世界遺産における生態系の保全と生態系から受ける多様な恵みの利用が今後はどうあるべきか、に対する答えを見つけていくことを目的としました。第60回日本生態学会公開講演では、各地域において第一線で活躍する研究者が、最新の事例をまじえて、世界遺産の将来を見通す発表や討論を行います。

「水の恵み・屋久島」湯本貴和
「白神山地のブナ林とその恵み」中静透
「知床―海と人と世界遺産の新たな関係」松田裕之
「海洋島における特異な生物相互作用と進化―海の恵み」可和直毅
「富士山の恵み―文化遺産としての富士山」増澤武弘

以上の講演内容を、多くの写真や図を用いて、分かりやすく著したのが本書であります。世界遺産を理解していただく上でお役に立てれば幸いです。なお、講演を聴くための資料として本書を作成するために、文部科学省科学研究費補助金（研究成果公開促進費）「研究成果公開発表（B）」の助成を受けたことを申し添えます。

編者代表　増澤　武弘

世界遺産とは？

1972年の第17回ユネスコ総会で採択された「世界の文化遺産及び自然遺産の保護に関する条約」（日本は1992年に締約）で定義される「人類が共有すべき普遍的な価値を持つ物件」のこと。その場所から動かすことのできない、建物や自然環境などが対象です。

世界遺産は、「文化遺産」「自然遺産」「複合遺産」の3つに分けられます。この本で取り上げる5つの地域のうち、知床、白神山地、小笠原、屋久島の4地域は自然遺産として登録されています。富士山は、文化遺産としての登録を目指しています。

登録まで

世界遺産を未来に引き継いでいくためには、その遺産がある国、地域での取り組みが重要です。そのためには、国内での保全のためのしくみ、法律や手続きなどの整備が必要です。日本では、文化財保護法や国立公園法などの法律を基礎に、保全のしくみがつくられました。いったん登録されてからも、6年ごとに、ユネスコの世界遺産委員会による再審査を受けます。適切な保全が行われていなければ、登録が抹消されることもあります。世界遺産条約を批准し締約国になるということは、永続的な保全の責任を引き受けることなのです。この本の知床の章には、地域の人々がこのことを理解し、努力した経緯が紹介されています。白神山地や屋久島の章でも、地球環境変動や観光客の増加などの変化の中での取り組みが考察されています。

登録に先立って、条約締約国は、国内の世界遺産候補のリスト「暫定リスト」をユネスコに提出します。このリストの中から、世界遺産にふさわしい物件を推薦します。ユネスコは専門機関による調査を行い、それをもとに世界委員会が登録の可否を決定します。この経緯は、小笠原の章のコラムで紹介されています。

自然遺産と文化遺産

自然遺産の審査は、IUCN（国際自然保護連合）が行います。自然遺産の登録基準には、次の4つがあります。日本の自然遺産4地域は、これらのうちの3番目と4番目の基準に該当します。

◆ひときわすぐれた自然美及び美的な重要性をもつ最高の自然現象または地域を含むもの。

◆地球の歴史上の主要な段階を示す顕著な見本であるもの。これには、生物の記録、地形の発達における重要な地学的進行過程、重要な地形的特性、自然地理的特性などが含まれる。

◆陸上、淡水、沿岸および海洋生態系と動植物群集の進化と発達において、進行しつつある重要な生態学的、生物学的プロセスを示す顕著な見本であるもの。

◆生物多様性の本来的保全にとって、もっとも重要かつ意義深い自然生息地を含んでいるもの。これには科学上または保全上の観点から、すぐれて普遍的価値を持つ絶滅の恐れのある種の生息地などが含まれる。

富士山は現在、文化遺産の登録基準のひとつ、「顕著で普遍的な意義を有する出来事、現存する伝統、思想、信仰または芸術的、文学的作品と、直接にまたは明白に関連するもの」を満たすとして、登録を目指しています。文化遺産登録には、その「顕著で普遍的な価値」を具体的に証明する文化財を「構成資産」として示す必要があります。富士山の登録にあたっては、古くから信仰を集めた富士山周辺に存在する、重要文化財「富士参詣曼荼羅図」をはじめとするさまざまな文化財が構成資産とされています。

目次

扉写真：小笠原諸島聟島から、針岩、媒島、嫁島をのぞむ（撮影／加藤英寿）
2〜3ページ写真：屋久島の照葉樹林内から星空を仰ぐ。「ひと月に35日雨が降る」と言われる屋久島の、晴れた夜空（撮影／山下大明）

文化遺産を産み育てた自然
富士山の恵み

その自然から発生し、育まれた神社、仏閣、遺跡、絵画などを構成資産として、世界文化遺産への登録を目指す富士山。幅広い文化を育み守ってきた富士山の自然を、登山道に沿って見ていこう。

増澤武弘（静岡大学　理学部）

富士山は新しい山

富士山の山頂が噴火していたのは、今から約2000～3000年前のこと。いちばん最近の噴火は1707年の「宝永の噴火」で、このときできたのが富士山の東側面の寄生火山である宝永山だ。樹海で知られる北西側の青木ヶ原は、寄生火山によってできた3000ヘクタールもある広い裾野である。

噴火が終息した現在では、噴火口の周辺や台地には植生が発達し、火山荒原、草原、森林となっている。また、標高2500メートル以上の斜面では溶岩や火山灰層を直接見ることができる。この裸地であった場所にも、下から上って来た新しい侵入植物が面積を拡大している。まさに、植物群落の遷移のまっただなか

写真提供／富士山本宮浅間大社

富士山本宮浅間大社社殿

☞推薦理由

「顕著で普遍的な意義を有する出来事、現存する伝統、思想、信仰または芸術的、文学的作品と、直接にまたは明白に関連するもの」として、2012年1月に政府の推薦書を提出。

の場所といえる。

富士宮口5合目標高2450 mの森林限界から見た富士山の山頂。富士山では、下部から上部へ植物の進出が進みつつある（撮影／増澤）

絵図に描かれた植物の垂直分布

3776メートルの高度をもつ独立峰の富士山には、明瞭な植物群落の垂直分布帯が見られる。標高500メートルあたりから、山地帯、亜高山帯、高山帯と変化し、山頂付近は上部高山帯となる。

文化遺産の重要な構成資産の一つ、「絹本《けんぽん》著色《ちゃくしょく》富士《ふじ》曼荼羅図《まんだらず》」は、富士山本宮浅間大社に重要文化財として保存管理されている。室町時代に描かれたこの曼荼羅図には、静岡市の海岸、三保の松原から富士山頂までが描かれている。信仰にかかわる絵図ではあるが、標高が上がるにつれ植物の分布が少しずつ変化し、

重要文化財「絹本著色富士曼荼羅図」（富士山本宮浅間大社蔵）

浅間大社の湧水「湧玉池」

富士山本宮浅間大社

標高2500メートルあたりの位置には森林限界がある様子も、しっかりと描かれている。曼荼羅図の中にも古い時代の植物を見ることができるのだ。海岸から中腹までには建物や当時の登拝者の様子も見える。森林限界以上では植物は見られず、山頂まで登る人々の行列がジグザグに続く。

文化を育てた山地帯を歩く

現在では、静岡県側の富士宮市の富士宮浅間大社あたりには、スギの人工林が広がっている。この地域は、植生帯の分類でいえば山地帯といえるが、ここには古くから人が出入りし、人々の生活や産業の場であった。いくつかある浅間神社や人穴の遺跡は緑深い森林につつまれている。また、少し離れてみると、それらの背景には富士山の長い裾野に分布する多様な森林が見られる。森林との調和の中に置かれた文化遺産と言えよう。

浅間大社から、その旧跡である山宮浅間神社に向かい、森林限界に出るまでは、広大な森林の中を歩かなくてはならない。江戸時代には、多くの人々が信仰のためにこの森林の中を歩いたはずだ。森林限界にたどり着くまで、落葉広葉樹林内を登ることになるが、ここではブナの林が特徴的である。

現在のブナ林を行く

山地帯では、浅間大社周辺に見られるスギ・ヒノキの人工林の少し上部にはブナ・ミズナラ・カエデ類の夏緑広葉樹林が発達している。特にブナの林は、明るさと清々しさを提供してくれる森林だ。富士吉田市側から見上げても、春には新葉の淡い早緑、夏には深い緑、秋の黄葉と変化し、たいへん特徴的である。この群落内部にはハイキングコースが多数あり、多くの人々に憩いの場所を提供している。

衰退に向かうブナ林

富士山でブナ林が見られるのは、東面から南面にかけての、標高1000~1600メートルのあたり。ブナの純林ではなく、ミズナラ、カエデ類がまざった混交林である。ブナのほとんどは大径木であり、老齢化している。

林の構造を見るとき、生態学では「胸高直径《きょうこうちょっけい》」という指標を使う。地表から130センチの高さで幹の直径を測り、木のサイズとするのだ。どのくらいの胸高直径をもつ個体が多いのかを示すためにグラフを描くと、多くの森林では小さい個体がいちばん多く、大きくなるにつれて徐々に減っていくため、L字のような曲線が描かれる。ところが富士山では、直径50~80センチのところに山ができる。直径の大きな木がいちばん多いということだ。富士山のブナ群落は芽生えや幼木・若木が少なく、成木と老齢木が多く、次世代が生まれていないというわけだ。

このような大径木のブナ林は、今から200~300年前に成立した群落と推定される。今後、林は広がっていくことはなく、衰退していくものと考えられている。

このブナ林には、最近大きな変化が起きている。日本全国で問題になっているニホンジカの食圧《しょくあつ》や踏圧《とうあつ》が、激増しているのだ。貴重な植生がどんどん衰退してしまっているという状態である。

森林限界の登山

山地帯の上にあたる亜高山帯には、シラビソ、コメツガ、トウヒが

富士山西面の植物の垂直分布、森林限界がはっきり見える

富士山南東面のブナの大径木。周囲に幼樹は見られない。

分布し、森林限界付近はオンタデ、イタドリ群落が分布している。

富士山の森林限界の位置は標高2400~2500メートルである。しかし、基盤がしっかりしている西側の大沢沿いでは標高2800メートルのあたりまで森林が上がっている。周辺の山脈の高山帯や富士山がおかれている気候条件から見て、将来はもっと上部まで森林限界が上がると予想できる。現実に、富士山の南側と北側での長期間の測定結果から、年間約1メートルくらいずつ、森林が上がっているとの報告がある。富士山の森林限界はかなりの速度で動いているのだ。

這いカラマツ

富士山は、森林限界の構造もまた独特である。富士山のような新しい山に見られる森林限界では、北アルプスや南アルプスの高山で見られるハイマツのような役割を、カラマツが果たしている。矮性化《わいせいか》して這いつくばっているカラマツをとり巻くように、ミヤマハンノキ、ミヤマヤナギ、ダケカンバが生育している。

山頂の垂直分布

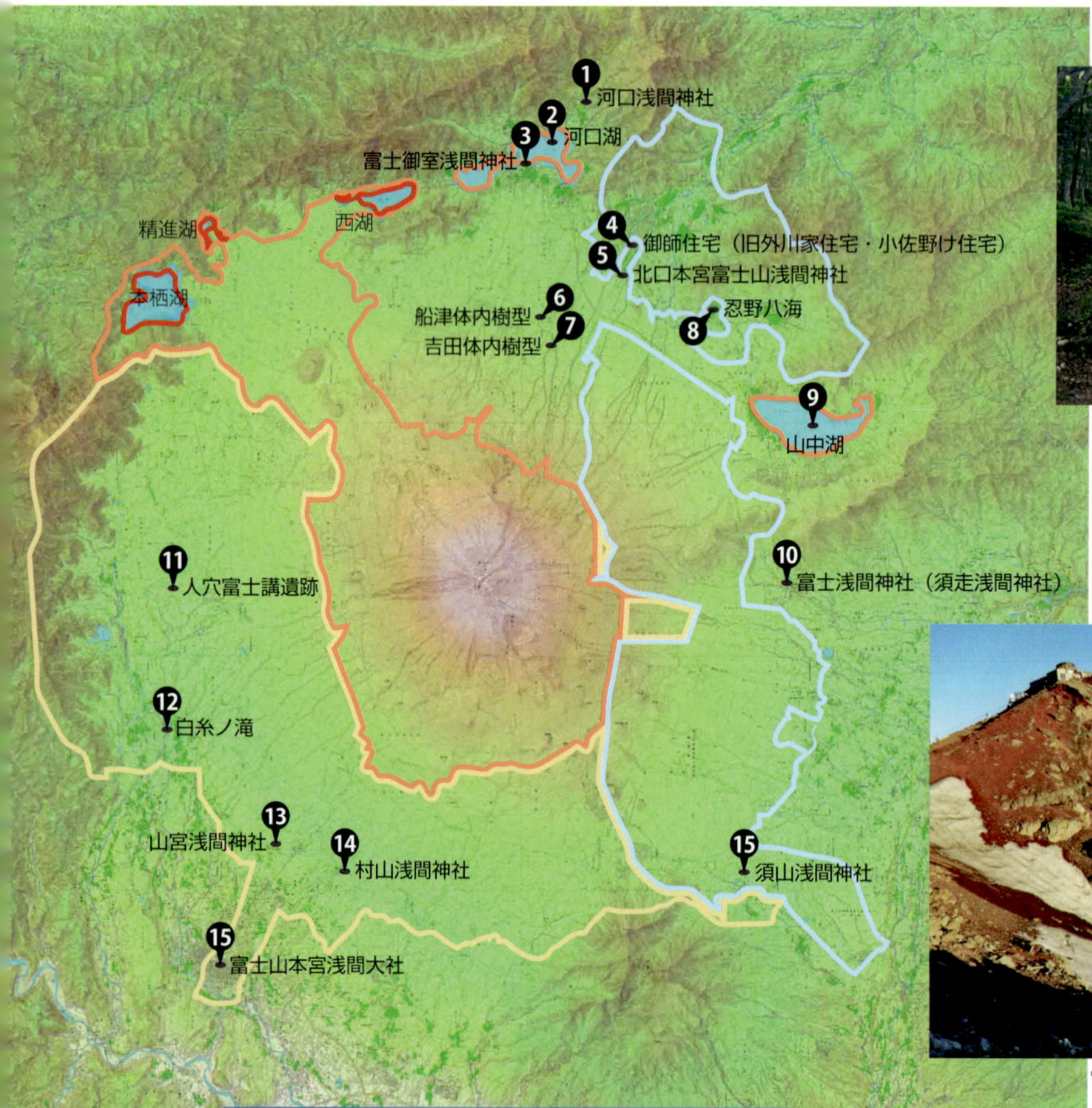

構成資産 構成要素	顕著な普遍的価値を有する区域
緩衝地帯	資産の効果的な保全を目的として、資産の周辺に設定した区域。
保全管理区域	資産及び緩衝地帯の外側に設定した、自主的な管理に努める区域。

須走口登山道の入口

富士山山頂、剣ヶ峰（標高3,776m）

三保の松原

写真提供／静岡県

矮性化したカラマツなどが生える斜面を歩く（撮影／増澤）

富士山頂でも、植生帯の垂直分布ははっきり見られる。森林限界を抜けた、標高2500メートル以上が高山帯だが、標高3200メートル以上は上部高山帯となる。

　上部高山帯をもつ山は日本国内では富士山だけだ。上部高山帯は標高にして3200~3700メートル、種子植物は少なく、山頂付近になるとほとんどがコケ類と地衣類だけとなる。山頂の植物で特に注目したいのは、コケ類とラン藻類が共存しているヤノウエノアカゴケ群落である。山頂の最も環境の厳しい場所に生育している黒色のヤノウエノアカゴケでは、南極で見られるようなラン藻が表面で共存している。また、夏期の乾燥期に永久凍土や季節凍土が解け出す付近には多くのコケが生育し、緑色のカーペット状になっている。

大沢崩れ

　富士山の西斜面には大きな崩れがある。この崩壊は、1000年ほど前から始まったと言われているが、現在もまだ続いていて、最近では毎年20万立方メートルが崩壊し、深さは150メートルになった。将来さらに拡大し、富士山の姿が変わってしまうのではないかと心配されている。

　崩壊は特に春先と秋口に頻度が増し、砂煙が頻繁に見られる。過去には、降雨により土石が大量に流出し、田子の浦まで被害が及んだこともある。

　現在、富士砂防工事事務所により砂防工事が行われている。標高の高い位置の砂防工事跡の一部では、富士山の代表的な「パイオニア植物*」であるフジアザミを用いた復元事業も行われている。北側の5合目「お庭」から御中道（おちゅうどう）を1時間ほど南に歩くと、壮大な崩れを直近に見ることができる。

*パイオニア植物：土砂崩れや水害などさまざまな理由で地表の植物が失われたあと、裸になった地表にいち早く入り込んで成長する植物のこと。フジアザミのように、風で種子を飛ばす植物が多い。

撮影／増澤

⓫人穴(ひとあな)富士講遺跡。富士講の修行の場だった

⓬白糸ノ滝

⓭山宮浅間神社。山開きの開山式が行われるお宮

ヤノウエノアカコゲ。胞子が成熟し、赤色となっている（撮影／増澤）

永久凍土をもつ山

永久凍土とは、「少なくとも連続2回の冬と、その間の1回の夏を合わせた時期より長期にわたって、0℃以下の凍結状態を保持する土壌または岩石」と定義されている。シベリアやアラスカではふつうに見られるが、日本では富士山以外では北海道の大雪山、本州の北アルプスの一部だけに存在する。

凍土には季節凍土と呼ばれるものもある。地表面近くの季節凍土は、日本列島で厳冬期にはよく見られる。低地の畑などで見られる霜柱が季節凍土である。

富士山頂付近の永久凍土は、1970年代に報告された。しかし、1年中凍った土が存在することは、古くから知られていた。1935年に中央気象台の測候所が設置されたときにも、真夏でも富士山頂の土が凍っていることが報告されている。そして1975年、名古屋大学の藤《ふじ》井理行《いみちゆき》らにより調査が行われ、富士山頂における永久凍土の存在と、その下限は標高3100メートルあたりであることが確認されたのだ。

のちの1991年には、永久凍土

富士山頂に侵入・定着した種子植物のイワノガリヤス。近年勢いを増している（撮影／増澤）

ヤノウエノアカゴケとラン藻（*Nostoc*）が共存して、黒色になっている状態（撮影／増澤）

の影響を受ける環境に生育するヤノウエノアカゴケに、南極と同様のコケ植物とラン藻の共存現象が発見された。

変化する環境と植生

上部高山帯に分布する植物は、ほとんどがコケ類と地衣類で、特に山頂周辺では、種子植物の分布はきわめてまれだ。１９９０年頃までの調査では、永久凍土が存在する近辺には、種子植物の分布はほとんど見られなかった。

しかし最近では、これまでに分布していなかった、高山帯のコタヌキラン、オンタデ、フジハタザオ、イワノガリヤスが生育するようになってきている。これらは現在個体数が増加しつつあるが、いまのところは大きな群落を作るような状況ではない。

種子植物の増加から、富士山頂に種子植物の実生が生育できるような環境が増加しつつあるのではないか、と考えられる。

山頂西側の永久凍土を測定する（撮影／増澤）

富士山から富士山を見る。雲海に影が浮かぶ（写真提供／富士山本宮浅間大社）

永久凍土から生まれた文化

富士山の山頂にはお鉢めぐりという登山道がある。この登山道沿いに池と井戸があることは、あまり知られていない。

7月の初旬に山頂に登ると、まだちらほらと雪のかたまりが残っている。そのころ、山頂にある浅間神社から奥宮の西側の広場では、直径10メートルほどの「このしろの池」が水を貯えている。この池は8月に入ると水がなくなってしまう。

山頂の井戸は、火口をはさんで南側と北側にあり、銀明水《ぎんめいすい》・金明水《きんめいすい》と呼ばれている。この水も8月に入るとほとんどなくなってしまう。江戸時代にはこの水を利用して、硯で墨をすったと言われている。

この池と井戸は不思議だ。なぜ水のない山頂の、しかも水の抜けやすいスコリア（火山灰）土壌に水が貯まるのだろうか。

たまっている水は雪解け水なのだが、それがたまる理由は、地下に凍土が存在し、それがビニールシートでも敷いたような働きをして、水の浸透を止めているからだ。気温が上がると凍土がゆるみ、水が抜けてしまうため、池も井戸も、水を使える時期は限られている。

最近では、永久凍土も季節凍土も山頂から少しずつ姿を消しつつある。水がたまりにくくなったのに加え、水の供給も少なくなっているようだ。山頂で井戸水を使って墨をすり、文字を書いたという古い時代の慣習をなんとか残したいものだ。

山頂の雪解け直後からしばらくの間だけ出現する「このしろの池」（撮影／増澤）

銀明水の井戸
（写真提供／富士山本宮浅間大社）

山頂の北側、白山岳の南側にある「金明水」と呼ばれる井戸（写真提供／富士山本宮浅間大社）

山頂にある奥宮（写真提供／富士山本宮浅間大社）

文化遺産としての富士山の自然

植物群落や植生帯の成り立ちと、地質・地形学的な独自の特徴をもつ富士山は、その独自性ゆえに、信仰と憧憬の対象として古来から受けつがれてきた。文化遺産としての富士山を検証していく上で、信仰の場、精神的なよりどころ、美意識と自然の要素とのかかわりを、あらためて深く理解することが大切だろう。

文化遺産にかかわる委員会、国際記念物遺跡会議（イコモス）関係者によって、文化遺産候補ではあるが、自然要素の側面が重要であると指摘されたことは、富士山という文化的存在とともにその自然の意義深さを再確認させてくれるものだった。この山の独自の美は、山岳信仰や芸術の対象となった理由の大きな要素であるが、その美しさを構成しているのは、富士山の自然そのものだろう。火山としての地形や地質の組み合わせ、それに大きく左右される植被としての植生の果たす役割は大きい。

富士山頂から関東平野方向を見下ろす

モニタリング1000

富士山の自然は変化しつつある。特に山頂、森林限界、落葉広葉樹林でその変化は著しい。このうち、上部高山帯の山頂と高山帯の森林限界には、長い時間にわたり自然の監視と記録を行うため永久方形区が設置されている。ここでは、自然の変化を正確かつ科学的にとらえるために、100年間記録をとりつづけられる。

環境省は、日本全国1000か所ににこうした長期観測地点「モニタリングサイト1000*」を設置した。

＊「モニタリングサイト1000」については、本シリーズ第3巻『なぜ地球の生きものを守るのか』p. 16-17も参照。

雪の恵み——白神山地

世界でいちばん美しい紅葉は、日本のブナ林で見られると言われる。他の地域には類を見ないほど多様な植物が生育するため、複雑な色のハーモニーが見られるからだ。地球の歴史と、世界でもまれな豪雪のもたらす豊かさを探しに行こう。

中静透（東北大学生命科学研究科）

白神山地の特徴や素晴らしさを知るには、春が一番かもしれない。しかし、6月初旬に深奥部を走る白神ラインが開通するまで、一般の人は白神にはなかなか近づけない。白神ラインの開通を待っていち早く谷に近づけば、まだ大きな雪の塊が残っている。実は、白神山地のユニークなブナ林とそれをめぐる恵みや人との関係は、この大量の雪によって形作られている。

日本のブナ林は特別である

学説によって異なるが、ブナ属の樹木はヨーロッパと北米とアジアに約13種が分布するとされる。日本のブナ*Fagus crenata*はそのうちの一つだが、日本固有の種で、他の地域にはない。

ブナ属が作る森林は、北半球に比

白神山地の谷では、遅い時には7月まで雪が残っている。そのため、白神の深奥部へ通じる白神ラインは6月はじめに除雪されて初めて開通する。

較的広く分布し、アジアでは中国、台湾、韓国（鬱陵島のみ）と日本に分布する。同じブナ属の森林と言ってもそれぞれに特徴はあるが、日本の、とくに日本海側のブナ林はユニークだ。

　日本では、落葉広葉樹林といえばブナ林というのが常識のようではあるが、世界全体でみると冷温帯落葉広葉樹林というとナラ類のほうが一般的だ。世界的に見ると、冷温帯落葉広葉樹林はナラ類を中心としてできていて、ブナ属が混じるのは、そ

☞登録理由

原始性の高いブナ林が大きな広がりを持って残っていること、生態系が機能するうえで必要となる要素が全て揃っていることなどが評価された。

●訪れる前に見ておきたいウェブサイト

白神山地世界遺産センター
http://tohoku.env.go.jp/nature/shirakami/
「白神ライン」の状況などの最新情報のほか、見所や施設でのイベントなどを知ることができる。

のうちの湿潤な気候の地域だけなのだ。日本海沿岸の福井県から北海道までの地域に見るような、ブナだけの純林に近い森林を作る地域は、世界的にみると非常に限られる。さらにアジアで見てみると、ブナ林が平地で広く森林を作っている場所がみられるのは、日本列島だけ。中国本土、台湾のブナ林は、暖温帯の山岳地域にのみ見られ、韓国には日本のイヌブナに近い種類の森林が鬱陵島にしかない。

地球の歴史と雪

こうした状況を作り上げているのが、日本の雨の多さ、特に雪の多さである。日本海側に雪が多いのは、対馬海流という暖流によって大量の水蒸気がもたらされ、それを大陸からくる冬の冷たい季節風が冷やし、雪となって日本列島の山脈に吹きつけることによる。夏の気温が日本海側の地域と同じくらいで、冬にこれほど雪の降る地域は世界にはあまりない。

この気候は、最終氷期以降に顕著になってきた。約1万2000年前までの最終氷期には、気温が今より6~7℃低く、海面も100~150メートル低下していたと言われ、日本列島は大陸とほぼ繋がっていて、日本海はほとんど湖だった。つまり、対馬海流は日本海には入ることがなかったと考えられている。この時代には、気温は今より低かったものの、たくさんの水蒸気がもたらされないために、雪は少なかったと考えられている。

その後氷期が終わると海水面が上がり、日本海に対馬海流が入るようになって、日本海側の地域に雪が降るようになった。ちょうどその頃からブナが急速に増えてきたことが、花粉分析*などでわかっている。

大陸から日本列島へ、筋状の雲が日本海を渡ってくるようすを、気象衛星がとらえている（提供：気象庁）

白神のブナ林は特別である

　では、なぜ雪の多さがブナに幸いするのだろう？　その理由はいくつかあると考えられている。ブナの木材はほかの落葉広葉樹に比べて非常に曲げに強いため、雪の圧力に耐えることができる。さらに、雪の少ない地方では、冬の間にネズミなどの動物がブナの種子を食べ続けることが可能となり、春先までにブナの種子が減ってしまう。これに対して、雪の多い地域では、雪のために動物が自由にブナの種子を探すことができないので、食べ残されて生き残る種子が多くなる。また、雪の少ない地域では乾燥で種子が死んでしまうという説もある。

　雪の多い地域では、種子が豊作だった年の翌春にはブナの実生が足の踏み場もないくらいに芽生えてくる。日本海側のブナ林は、まれに見る雪の多さによって、高木ではブナだけが有利になっているという、世界的にみると特殊な森林なのである。この、特異な日本の気候でできあがったブナ林の典型が、原生的な状態で広く残されているのが白神山

発達したブナ林は、直径1mを超えるようなブナがある一方で、そうした大木が倒れて明るくなったギャップも存在する。

地すべり地形でスラッとしたブナが生えている場所。クマゲラはこうした林に巣を作ると言われている。

＊花粉分析

花粉分析：湖の底に積み重なった泥などに含まれる花粉を調べること。植物の花粉の外側の殻には種類ごとに異なった特徴があり、電子顕微鏡による観察で識別できる。そのため、花粉分析により、植物の変化や増減を知ることができる。

なだれ斜面

　多雪地域の急斜面では、なだれが起こる場所が決まっている。ひと冬に何度も雪崩が起こるため、樹木の幹や枝が傷ついてしまう。そのため、高木になるような樹木は生育できず、タニウツギ、マルバマンサク、ヒメヤシャブシなどの低木類や草本などだけが生えている。これらの植物は、斜面に幹や枝を添わせながら、なだれの物理的な力を受け流している。ブナや他の高木性の樹木は、なだれの被害が少ない尾根筋だけに生育できるため、遠くから見るとなだれ斜面を馬のたてがみのような形で囲んでいるように見える。伐採跡地と見間違うこともある。また、尾根上に生える樹木は、ブナのほか、キタゴヨウ、ネズコなどの針葉樹も混じることがある。このなだれ斜面を、イヌワシは狩場として、人間はさまざまな山菜をとる場所として利用する。

なだれを起こす斜面では、高木がそだたず、低木や草本だけが生えている。ブナや高木の樹木は尾根筋だけに生えている。

山頂部のブナ林。樹高2メートル足らずなのに、ブナは種子をつけている。

地なのだ。

雪の恵み

白神山地は、多いところでは最大積雪深が4メートル以上にもなる、典型的な日本海側の気候にある。加えて、第三紀の地層とグリーンタフ（緑色凝灰岩）の堆積によって、地すべりを起こしやすい地形をもっている。そのため、さまざまな姿のブナ林を見ることができる。

地形的に安定していて崩れにくく、土壌が発達したゆるい斜面や、古い地すべりの土砂が堆積した平たい場所には、最も直径が太く、樹高も高い発達した森林が見られる。

豪雪のため、急な斜面ではなだれが起きやすい。こうした斜面を「なだれ斜面」と呼ぶ。なだれは樹木をなぎ倒し、森を一斉に破壊してしまう。古いなだれ斜面には、大面積で一斉に芽生えて成長したとみられる、スラッとした樹木ばかりのブナ林がある。本州では数か所にしか生息しないクマゲラは、こうしたスラッとしたブナ林に巣を作る。

一方、日本海に面した標高の高い斜面や山頂の近くでは、雪や強風の影響を受けて背が低くなった風衝林や、いちばん低いところでは樹高数メートルとなる矮小林も見られる。

頻繁になだれが起こるなだれ斜面では、ブナや他の高木の林はもはや成立せず、タニウツギやマンサクなど低木や草本だけの植生になる。イヌワシは、なだれ斜面のように植生の高さが低い場所で狩りをする。そうした場所には、イヌワシの餌となる中・小型の草食動物も多いのだ。

こうした複雑な地形は、人間による伐採の進みを遅らせた。雪崩の多い斜面は、伐採をするために必要な林道を作ったり維持したりするのが

山頂部の低木状ブナ林。幹が倒伏して、樹高3～5メートルくらいのブナ林になっている。

風衝のブナ林。強風の吹く方向がわかるくらいに、ブナの樹形が偏っている。

風衝のブナ林。林の中に入ると、細くて幹の曲がったブナが生えているのがわかる。

難しいし、コストもかかる。そのため、白神山地のブナ林には伐採の手が入らず、最後まで残されていた。１９８０年代に入り、とうとう白神山地の奥地に伐採の手が伸びようとしたとき、反対の意見が強くなって保護されることになり、その最終的な姿として世界遺産となったのである。

ブナ林の恵み

白神山地のブナ林を守ったのは、伐採やそのための林道開設によってブナ林の恵みが失われるということに対しての懸念だったともいえる。世界遺産地域を流れる川の下流の町では、カワマスやアユなどの、川を遡上する魚の漁がさかんだった。しかし、もし源流部の尾根に大規模な林道が開設され、ブナ林が伐採されれば、そうした魚たちの生息環境が失われ、漁獲量も落ちるだろうと推定できたし、下流の水質が落ちたり、洪水なども起こりやすくなったりするだろう。そこで、反対運動が始まった。

こうしたブナ林の恵みは、水源や淡水魚だけでなく、野生動物や山菜・キノコなどもある。この地域では、マタギと呼ばれる集団が伝統的に狩猟をおこなってきた。マタギは、その狩猟方法や関連するしきたりなどに独特の文化をもち、森林やそこにすむ動物たちに関する圧倒的に豊富な知識をもっていた。なかでも、ツキノワグマはかれらの最も大きなターゲットで、クマの胆のう（熊の胆）は薬として高価に取引された。

ツキノワグマはブナの実が大好きだ。ブナの種子が豊作の年にはブナの実を大量に食べて冬をこす。ツキノワグマの母親が栄養価の高いブナの実をたくさん食べると、仔の出生率が高くなる。

キノコは、原生林のような森林で、大木が倒れ朽ちてゆく過程で生えてくる。ミズナラに生えるマイタケは、親子でもその場所を教えないと

マタギ

日本の中部から東北で活動していた、グループで伝統的な狩猟を行う集団のこと。普段は農業などを営んでいて、時にグループで狩猟をする。そのしきたりや用語、道具などは特殊で、時に秘伝とされるものもある。動植物に関する知識や、山の地理などに関する知識は膨大で、白神山地の隅々までを知っている人たちである。

なかでもツキノワグマの猟は、グループでクマを追い込み、打ち取る共同作業で、文学作品などにも登場する。とくにクマの胆のう（熊の胆）は、万能の漢方薬として高価で、金と同じ重さで取引されたとも言われる。近年は、こうした伝統的な猟はあまり行われなくなっている。かつてマタギをされていた方たちが、白神山地のガイドとなって、マタギの生活なども体験できるツアーも企画されている。

いうくらい大切なものであったという。一方、なだれ斜面は、大木が育つことができない反面、ゼンマイやウドなど山菜の宝庫でもあり、マタギに限らず、地域の人たちは春になるとなだれ斜面で山菜を収穫し、場合によってはそれを現金収入にもできた。

世界遺産に指定されてからは、遺産地域内では狩猟も、山菜とりも禁止されており、森林はきびしく原生的な状態に保たれている。しかし、マタギの生活やその知識は、現在エコツアーのような形で体験もできるし、周辺の宿泊施設では山菜やキノコを楽しむこともできる。白神山地の雪とブナ、そしてそこから生まれる恵みを利用してきた人間の営みが、世界遺産となった後も、新しい形で利用されている。

白神山地のこれから

白神山地の世界遺産地域は、実はアクセスの難しい地域が多く、その核心地域を訪れた人はあまり多くない。核心地域には利用できるルートが定められており、届け出も必要だ。それらのルートも、一般の歩道とは異なり、地図をきちんと読める人でなければたどることは難しいし、一般の人ならばガイドを頼まなければ難しいうえ、野営も必要である。したがって、白神山地では、核心部というより周辺の地域でブナ林を楽しんでいる場合が多く、周辺地域で利用が集中する場所はあっても、遺産地域内では過剰利用などの問題は大きくなっていない。

ただ、今後の管理に懸念がないかというと、そうではない。ひとつは気候変動の問題である。気候変動予測では、気温が上昇することと同時に積雪量が減少するという。これらの条件をいれて、ブナ林の分布環境を予測した結果では、白神山地の標高が比較的低いこともあって、2100年頃にはブナに適した環境が非常に少なくなってしまうと予測されているのだ。

もうひとつの心配は、ニホンジカの分布拡大の問題だ。ニホンジカは各地で個体数が増え、森林に大きな影響を与えつつある。シカが増えると、地表の草木ばかりかブナの芽生えなども食べつくされてしまい、次世代の生育が難しくなってしまう。幸い、まだ白神山地ではシカは観察されていないが、近隣の地域に迫っ

ブナ林の伐採跡地。1980年代に伐採され、スギが植えられた。5～6 haの伐採地の周囲に幅30～50メートルのブナ林が残されている（保残帯）。植えたスギがよく育たない場合も多く、ブナ林の再生を試みているボランティアもある。

てきている。これまでの例では、シカが増えだすと数年で森林への影響も顕著となる。どの時点でどのような対策を打つのか、そろそろ考えなくてはならない時期に来ているのだ。

さらに、ツキノワグマやイヌワシ、クマゲラなどは、世界遺産地域だけで生きているわけではない。遺産地域の周辺に重要な生息環境があったり、餌を探す場所があったりする。遺産地域だけの問題では、こうした動物たちの保全対策が十分ではない可能性もある。現在、遺産地域の周辺では、自然修復などの活動もボランティア団体を中心に行われている。

２０１０年には、こうした点に科学的に適切な答えを出すための科学委員会も設置され、議論を始めている。こうした問題に対する答えを出すためには、状況の継続観察（モニタリング）も必要だ。白神山地ではボランティアも含めたモニタリング体制が組まれている。

野生のマイタケ。ミズナラの大木に生える。おいしい。

ブナが豊作の翌春のツキノワグマの糞。ブナ種子の殻がたくさん含まれている。

中学生によるブナ林モニタリング

深浦町立岩崎中学校の２年生と３年生の生徒たちは、総合学習の時間を利用して、ブナ林のモニタリングを行っている。場所は青池のすぐ近くで、中学校からも車で 20 分くらいの距離にある。毎年 1 回、50 メートル四方の定点調査地で、直径を測定し、生死を確認する。また、落ちてきた種子を集めるための「種子トラップ」という装置を設置して、ブナの葉や種子の生産量も測定する。

中学生によるブナ林モニタリング。毎年3年生が、2年生を指導し、調査方法が引き継がれていく。

これらのデータは、白神山地モニタリング調査会など他のボランティアグループの活動とともに、白神山地のモニタリング計画の一端を担っており、ブナ林の変化を早期に把握することに貢献している。研究者の測定に劣らない精度のデータが収集されている。

津軽峠からの眺め（撮影／中静透）

白神山地に行ったら見ておきたい・見られたらウレシイもの10

中静透的

★★：絶対見ておきたい
★：見られたらウレシイ！
☆：めったにないこと！

ブナの花 ★

ブナの花は毎年咲くわけではない。個体によっても異なるが、大量に咲くのは数年に一度と言われている。雄花序と雌花序があり、雄花序は開花が終わると落ちる。雌花序の多くはその後大きくなって、中に2個の種子をつける。雪の多い地方では、まだ積雪の残る時期に開花するところもあり、積雪の上に雄花序を見つけることもある。

ブナの種子 ★

花のたくさん咲くのが数年に一度なので、種子も当然数年に一度か、それよりもまれだ。開花しても結実が少ないことも多いからである。7月に落ちる果序の多くは、種子が昆虫に食べられた場合が多く、種子を見ると穴があいている。健全に稔った種子は、秋の落葉と一緒に落下し、そのまま翌年まで冬を越す。ブナの種子はタンニンなどの防御物質を含まないため、生で食べることができるが、炒って塩で味をつければビールのつまみにもよい。

ブナの芽生え ★

ブナが大豊作だった翌春には、たくさんの芽生えを見ることができる。ブナの種子をネズミが自分の巣穴などに運び、それが忘れられた場合には、一か所からたくさんの実生が生えていることも多い。しかし、ササなどが繁茂して林床が暗い場合には、夏までにほとんどが死亡してしまうこともある。一方で、林縁などの明るい場所では、秋まで生き残っている実生がたくさんある。

ブナの種皮をつけたままのブナの芽生え。

津軽峠とマザーツリー ★★

津軽峠の駐車場からは、白神山地のブナ林の広がりを一望できる。この駐車場から歩いて数分で、通称「マザーツリー」と呼ばれるブナの大木を見ることができる。直径は1.5メートル以上、樹齢は400年以上かもしれない。ヨーロッパでブナのことを「森の母」というが、それにちなんで名づけられているのだろうか。ここから、「ブナ巨木ふれあいの径」を散策することができる。何本かの大きなブナを眺めながら約2キロ、1時間程度のコース。

大豊作の時のブナの結実のようす。

ブナの花。雄花が終わり、落下する寸前であるが、すでに子房（雌花序）が大きくなり、果実を作りつつある。

クマゲラ ☆

津軽海峡の向こうの北海道にはたくさん生息するが、本州には生息しないと考えられていた。しかし、江戸時代には、東北地方のいくつかの地域で記録されている。現在は、白神山地の他、本州では2～3か所でしか生息が確認されていない。p.21の写真のようなスラッとしたブナに巣をつくると言われている。姿はなかなか見ることができないが、鳴き声はたまに聞くことがある。

イヌワシ ★

羽を広げると2メートルにもなる大型の猛禽類。岩棚に巣をつくり、なだれ斜面でウサギなどを狩っている。たまに白神の空の高いところを飛んでいる姿を見るが、近くではほとんど見ることができない。大空でトビより大きな鳥を見たら、双眼鏡で確認しよう。

カモシカ ★

山を歩いていたり、白神ラインを車で走っていたりすると、たまに見かける。静かにしていれば、比較的近距離でもじっとしてこちらを見ていることが多いので、ゆっくり眺めることもできる。天然記念物。

暗門の滝 ★★

白神山地に来る人のほとんどが訪れる場所。上流から第一の滝（高さ42メートル）、第二の滝、（37メートル）、第三の滝（26メートル）という3つの滝がある。白神ライン入り口にある「アクアビレッジANMON」から第一の滝まで、暗門川沿いに約1時間程度（2.3キロ）。周辺のブナ林も比較的立派で、森林の様子も堪能できる。

青池 ★★

世界遺産地域内ではないが、日本海側にまわり深浦町の十二湖の最も奥にある池で、非常に深い青色で知られる。この池の水に溶けた微粒子による光の散乱が原因だと言われている。周辺の池では、アカショウビンやカワセミが間近に見られることもある。

津軽峠から世界遺産地域を望むマザーツリー。直径1.5m以上、400年以上の年齢と言われている。

暗門の滝。

ネズミがブナの種子を巣穴に運び、放置されたあと発芽した例。豊作の翌春などに見られる

青池。天気にもよるが、深い青色の池で、人気がある。

姪島から妹島・姉島をのぞむ（撮影／加藤英寿）

海と時間の恵み ―小笠原

誕生してから一度も大陸と地続きになったことのない小笠原諸島。「東洋のガラパゴス」と呼ばれる小笠原諸島の独特の自然を楽しむノウハウと、外来生物により大きく乱された生態系を回復させるために生態学がどう役立っているかを紹介しよう。

可知直毅（首都大学東京理工学研究科教授・首都大学東京小笠原研究委員長）

進化の見本：海洋島小笠原

海底火山によって形成された小笠原諸島の島々は、日本の本土と一度も陸続きになったことがありません。このような島を「海洋島」といいます。

このような島では、島ができた直後は、陸上の生物はほとんど生息していなかったはずです。現在、小笠原でみられる動植物は、人間が運んできたもの（外来生物）以外は、すべて海を越えてたどりついたものの子孫です。海を渡るためには、風や海流に乗るか、空を飛んでくるかしかありません。そのため、島にたどりつけた生物種は、本州や大陸や太

平洋の島々に分布している生物種のごく一部だけです。ですから、小笠原諸島の生態系には、本土や大陸と比べて生態系のメンバーである生物の種数が少なく、特定のグループの生物がいないという特徴があります。これを「非調和な生物相」と言います。

非調和な生物相は、大陸から隔離

☞登録理由

現在も進行中の生物進化が見られることに普遍的な価値が認められた。また，狭い面積の中に多くの固有種が分布している点も評価された。

●エコ・ツアーを調べる

小笠原村観光協会 http://www.ogasawaramura.com/play/
小笠原母島観光協会ガイド紹介
http://www.hahajima.com/asobu/guide.html
海と陸ごとに専門知識と経験のあるガイドによるエコツアーが紹介されている

シマザクラとアサヒナハキリバチ（撮影／加藤英寿）

ハハジマノボタン（撮影／加藤英寿）

ウラジロコムサラキ（花は雄性花
（撮影／加藤英寿）

オオハマギキョウ（撮影／筆者）

された海洋島で一般的に見られる現象です。たとえば、もともと小笠原諸島にいる哺乳類は、固有種のオガサワラオオコウモリだけでした。日本本土ではふつうにみられるネズミのなかまも、クマやシカ、サル、タヌキなどの、ごくふつうの哺乳類もいません。同じように、爬虫類はオガサワラトカゲとミナミトリシマヤモリの2種のみで、ヘビはいません。カエルなどの両生類もいません。植物でも、マツ科やドングリをつくるブナ科の植物が欠けています。鳥類では、キジ類や樹幹を餌場とするキツツキ類がいません。土壌動物では、ミミズ（フトミミズ科）がいないかわりにダンゴムシやワラジムシの仲間はたくさんいます。

海を越えることができた生物は、大陸に分布する同じ種のなかでも、すこし変わった性質をもっていたかもしれません。また、たどりついた島は、競争相手となる生物が少なかったために、本州や大陸の生息環境とは異なる環境にも分布を広げていけたものもあったはずです。同じ祖先の子孫が異なる環境に進出していって、それらの環境に適応したものが残り、おたがい交雑しなくなると、それぞれが新しい種に分化します。これを適応放散といいます。小笠原諸島は、どの大陸からも遠く離れており、生物がたどりつくことは、めったになかったはずです。この少数の生物のなかには、小笠原諸島にたどり着いたあと、競争相手や天敵のいない環境に適応した新しい種に進化したものがいました。これが、現在見る小笠原諸島の固有種です。小笠原の在来植物の

オガサワラトカゲ（撮影／加藤英寿）

オガサワラオオコウモリ
（撮影／加藤英寿）

ツマベニタマムシ（聟島亜種）
（撮影／加藤英寿）

世界自然遺産登録までの道のり

世界遺産登録のためには、まず国が世界遺産暫定一覧表（暫定リスト）にその候補地を記載してユネスコに提出します。小笠原諸島は、2007年に暫定リストに記載されました。その後、外来種対策など小笠原の自然を保全するための施策をすすめ、2010年に本推薦されました。本推薦では、世界遺産としての自然の価値（顕著な普遍的価値）を証明する「推薦書」と、小笠原の自然を将来にわたって保護するしくみや施策（保護担保措置）を説明する「管理計画」をユネスコに提出しました。その後、ユネスコは、世界自然保護連合（IUCN）の専門家を現地に派遣し、実地調査を実施しました。この実地調査には、多くの研究者が同行して、最新の研究成果を紹介しました。そして、2011年6月29日、ユネスコの第35回世界遺産委員会で、現在も進行中の生態学的・生物学的プロセス（現在進行形の生物進化）が見られること（基準(ix)生態系）に「顕著な普遍的価値」があると認められ、世界自然遺産リストへの登録が決定しました。世界自然遺産第1号のガラパゴス諸島（エクアドル）も、小笠原と同様に海洋島で、ガラパゴスゾウガメやダーウィンフィンチなど多くの固有種が生息していますが、小笠原はガラパゴス諸島のわずか74分の1の狭い面積の中に多くの固有種が分布している点が高く評価されました。

「現在も進行している進化の見本」として、最も代表的なものが、カタツムリのなかまの適応放散（図）です。たとえばカタマイマイ属では、地表で落ち葉を食べる地表性、樹上で葉を食べる樹上性、樹上と地上の両方を利用する半樹上性、落葉の下に潜る地上底生性の4つの生活様式に対応した、殻の形や色の進化が起こったと考えられています。

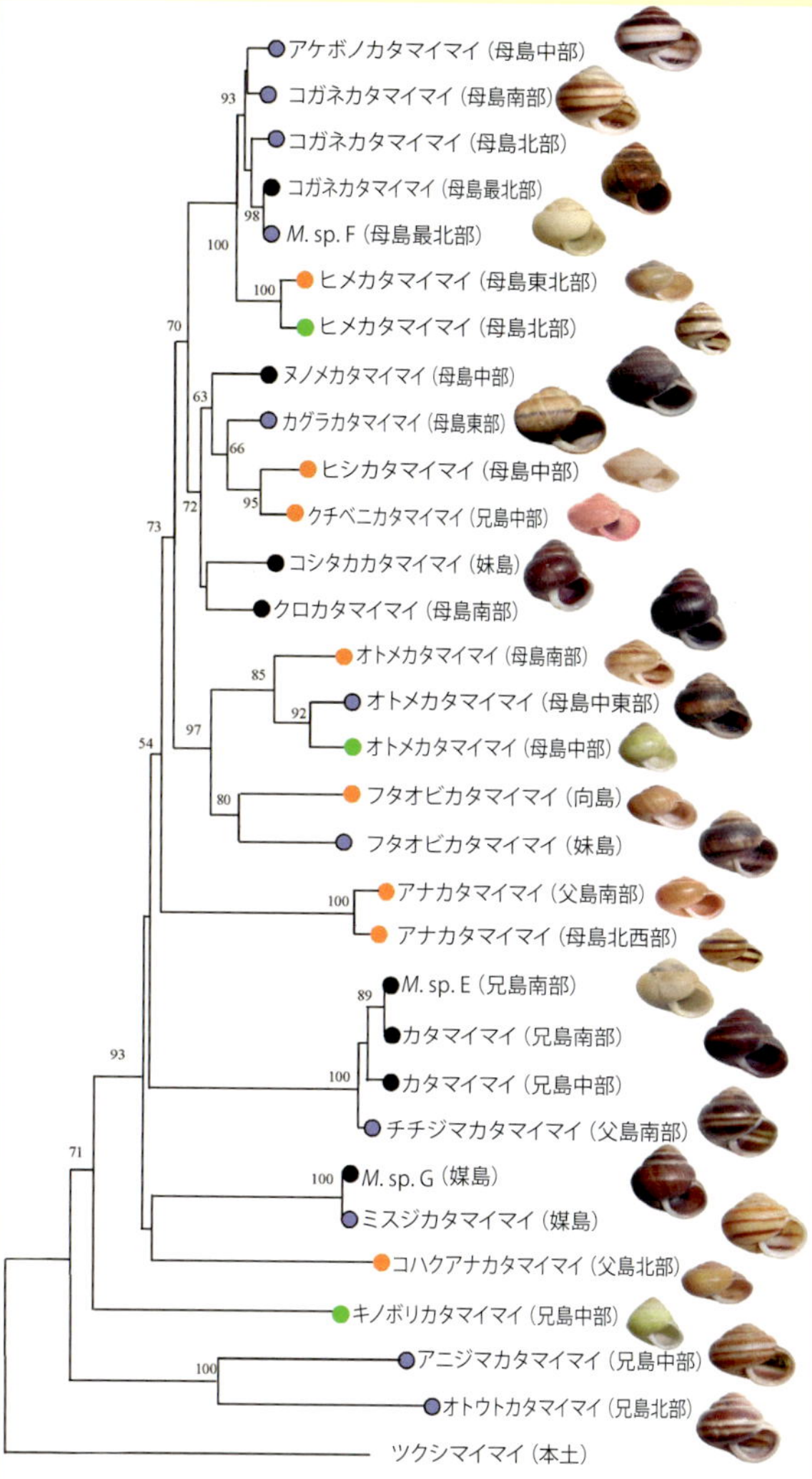

図　陸産貝類カタマイマイ（*Mandarina*）の系統関係と生態型
系統関係を示す系統樹はゲノム情報（リボゾームRNA）の分析に基づく。●は地表性、●は地上底生性、●は樹上性、●は半樹上性。枝の分岐点の数字は系統的な距離を示し、100に近いほど近縁性が高い。系統的に離れた種でも、生活様式が同じだとたがいに似た形態を示す。樹上性の種の殻は小型で背が高く、半樹上性の種の殻は扁平に、地表性はやや扁平で、地上底生性の種の殻は背が高いものが多い。（原図：千葉聡）

❶

❷

40％（樹木に限ると70％）、陸鳥の80％、陸産貝類（カタツムリ類）の94％が固有種です。小笠原が固有種の宝庫といわれる所以です。

いざ小笠原へ

小笠原諸島は、東京の都心から南南東に約1000キロ離れた、沖縄とほぼ同じ緯度にあたる亜熱帯の太平洋上に点在する20あまりの島々です。小笠原諸島は、北から聟島列島、父島列島、母島列島がそれぞれ50キロほど離れており、この3列島を小笠原群島と呼びます。現在一般の人が住んでいるのは、人口2500人の父島と500人の母島のみです。父島からさらに250キロほど南の火山列島（硫黄列島）には、自衛隊と米軍の基地がある硫黄島や小笠原諸島で最も原生に近い自然が残っている南硫黄島があります。この他、西之島、沖ノ鳥島、南鳥島も小笠原諸島に含まれます。

小笠原に行くためには、都心の竹芝桟橋から父島まで6日に1便運行している定期船・おがさわら丸で約26時間かかります。航空路はありません。26時間あれば、乗り継ぎ時間を入れても成田から地球の裏側にあたるアルゼンチンの首都ブエノスアイレスまで行かれます。しかも、次の便まで6日待たなければなりません。小笠原は人間にとっても絶海の孤島です。

竹芝を午前10時に出航したおがさわら丸は、翌朝9時ごろ小笠原諸島の聟島列島にさしかかります。聟島列島の最北端の島、北之島は侵略的な外来生物であるネズミの生息が確認されておらず、カツオドリやオナガミズナギドリなどの海鳥の楽園になっています。北之島の南には、聟島、媒島、嫁島の3島が並んでいます。これらの島々は、戦前に家畜として入れられたヤギが野生化してノ

小笠原ルールブック
http://www.gotokyo.org/book/0007-001-ja/
小笠原を訪れる人のためにインターネットで公開されている「ルールブック」。小笠原に行くなら、必ず目を通しておきたい。

父島列島の島々（撮影／加藤寿英）。（　）内は面積と最大標高
❺弟島（530 ha，229 m）❻兄島（785 ha，254 m）❼父島（2395 ha，318 m）❽南島（34 ha，57 m）

❼

❻

聟島列島の島々（撮影／加藤英寿）。（　）内は面積と最大標高
❶北之島（19 ha，52 m）❷聟島（307 ha，88 m）❸媒島（158 ha，155 m）❹嫁島（85 ha，67 m）

ヤギとなって増えたため、その食害や踏みつけにより、もともとの森林植生が壊されて、草原の島になっています。特に、媒島では表層の土壌が風雨により削り取られ海に流れ出て、露岩がむきだしになってしまったところもあります。

嫁島をすぎて1時間ほどで父島列島の弟島と兄島が並んで見えてきます。弟島は、戦前は牧場が開かれ人が生活していましたが、現在は無人島です。森林に覆われており、一見自然が残っているように見えますが、モクマオウやリュウキュウマツなどの外来樹も目立ちます。弟島と400メートルほどの海峡を挟んで隣り合っているのが兄島です。兄島は、過去に人間による大きな攪乱を受けたことがない島で、小笠原を代表する植生である乾性低木林が広がっています。

兄島を過ぎるとようやく父島が間近に見えてきます。父島は小笠原諸島最大の島ですが、面積は24平方キロで、東京都の品川区をひとまわり大きくしたほどにすぎません。おがさわら丸が入港する二見港の湾内にはエダサンゴの群生地が見られます。ほとんどの観光客は父島の民宿をベースにして、小笠原の自然を楽しみます。以前は、ダイビングや釣など海のレジャー目的の観光客が目立ちましたが、世界遺産登録後は山歩きのエコツアーなど陸域で活動する観光客が増えました。

小笠原の陸域の自然を生態学的な興味をもって楽しむなら、ガイド付きのエコツアーに参加することをお薦めします。小笠原の自然は一見地味なものが多く、見ただけではその価値を理解できません。専門知識を持ったガイドさんの説明を聞いてはじめて納得することも多いはずです。また、父島でエコツアーの対象となる地域のほとんどが、森林生態系保護地域に指定されているため、一般の観光客はガイドに同行するかたちでなければ立ち入ることができません。小笠原では、その貴重な自然を守るために、国立公園法などの法律や条例以外に、小笠原カントリーコード、オガサワラオオコウモリのルール、アカガシラカラスバトのルール、ウミガメのルール、ホエールウオッチングのルール、南島入島のルールなど、さまざまルールが設けられています。ガイドさんの説明を聞けば、単にルールを守るというより、ルールを楽しみながら自然を満喫できるはずです。事前に、小笠

母島以外の母島列島の島々は，環境を保護するため，上陸が制限されている。靴底などについた植物のたねや，ドブネズミなどの外来生物が入り込むのを防ぐためだ。

原村観光協会に問い合わせるかホームページを通してガイドツアーを予約しておけば、島での滞在時間を有効に使えます。

父島の村営バスの終点の小港海岸から20分ほど登ると中山峠に着きます。峠からは、南方向にボニンブルーと呼ばれる紺碧の海を隔てて南島を臨むことができます。南島もかつてノヤギにより植生が破壊されてしまいましたが、現在はヤギだけでなくネズミも駆除され、海鳥の営巣も増え植生も少しずつ回復しています。南島は、小笠原を代表する景勝地のひとつですが、その生態系は回復途上です。そこで、南島の自然の保全のため、入島できる人数や期間が制限されています。島に渡るためには、ガイドが同行するツアーに参加することになりますので、景観だけではない南島の世界遺産としての価値について説明が聞けます（母島にも母島観光協会があります）。

父島からさらに南をめざす

父島から母島の沖港までは、ははじま丸で2時間10分の船旅です。この航路はホエールラインと呼ばれ、ザトウクジラのシーズン（2～5月）には、かなりの確率でホエールウオッチングが楽しめます。なお、母島の民宿の収容力は限られているため、宿の予約がないとははじま丸に乗船できません。小笠原は全域がキャンプ禁止です。

母島は、父島に比べて降水量が多く、湿性高木林と呼ばれる森林植生が覆っていました。しかし、外来樹のアカギが繁茂して、在来の湿性高木林がアカギの純林に変わってしまった場所も少なくありません。アカギは、東南アジア原産のトウダイグサ科の樹木で、明治時代に薪炭材の生産のために植林されました。成長が早く暗い林の中でも育つうえに、他の植物の発芽や成長をおさえる化学物質を葉や根から出す「アレロパシー作用」をもち、切り株からもさかんにひこばえを出し、鳥により種子が広範囲に散布されるなど、侵略的な外来植物の見本のような植物です。そこで、除草剤を樹幹に直接注入する方法により、大規模な駆除が進められています。

向島《むこうじま》など母島属島への一般人の渡島は制限されています。モクマオウやリュウゼツランなど、各島ごとに特徴的な外来植物やネズミ（ドブネズミ）が侵入しており、希少な動植物の個体数の減少や生態系の劣化が懸念されています。

外来植物であるアカギに置き換わってしまった森（撮影／加藤英寿）。アカギは繁殖力が旺盛で，競争相手を知らずに進化してきた小笠原の植物を圧倒してしまう。

観光では行けない島々

現在、エコツアーで上陸して海岸から離れた場所まで行ける無人島は、聟島列島の聟島と父島列島の南島だけです。父島列島の西島・兄島

火山列島の島々（撮影／加藤寿英）。（　）内は面積と最大標高。⑨母島（2080 ha，463 m）　⑩向島（145 ha，137 m）
⑪姪島（113 ha，113 m）　⑫妹島（136 ha，216 m）

や母島列島の平島などは特別な行事などで上陸が許可される場合がありますが、火山列島の島々は、たとえ上陸許可を受けたとしても、研究者でさえ海況や天候に恵まれないかぎり実際に訪れることが難しい島々です。特に、南硫黄島は、小笠原諸島の最高峰（916メートル）を持つ円錐形の島で、上陸がきわめて困難です。そのため、人間が定住した記録がなく、原生の自然が残っており、自然状態での海洋島の生物相や生物群集を観察できる貴重な島です。このような島は日本ではほかにありません。

そこで、2007年6月に東京都と首都大学東京が合同で25年ぶりとなる自然環境の探検調査が実施されました。陸上の樹木に生息するカタツムリ、キバサナギガイの仲間の新種とみられる貝類の発見など新たな知見が得られました。この南硫黄島調査では、野外調査における外来生物の持ち込み、持ち出しについても厳密な検疫が実施されました。調査に使用する器材、衣服などは、梱包前にクリーンルームに入れ殺虫剤で薫蒸する、ゴミはもちろん調査隊員の排泄物もすべて持ち帰る、調査終了後調査機材をすべて冷凍する、といった、生物の持ち込み・持ち出しに対する徹底的な対策が実施されました。

火山列島の島々（撮影／加藤寿英）。（　）内は面積と最大標高
⑬北硫黄島（367 ha，792 m）　⑭硫黄島（2236 ha，113 m）　⑮南硫黄島（367 ha，916 m）

トクサバモクマオウ（撮影／可知）　外来植物で、クマネズミの駆除を行ったところ増え始めた。しかし、その落ち葉が在来生物の生活に役立つ面もあり、順応的管理の重要性を明らかにした。

小笠原の外来種

もともと生物の種類が少なかった小笠原では、人間の移動にともなって新たに入り込んできた生物が大きな影響を及ぼす。

ニューギニアヤリガタリクウズムシ（撮影／加藤英寿）　プラナリアのなかまで、肉食性。小笠原諸島で多様化した固有のカタツムリのなかまを食べてしまう。

固有種であるタコノキの果実を食害するクマネズミ（撮影／加藤英寿）　雑食性で、植物の実だけでなく、鳥の卵やひななども食べる。

グリーンアノール（撮影／加藤英寿）　肉食性のトカゲで、昆虫や小動物を食べる。小笠原では、さまざまなグループの昆虫に大きな影響を与えている。

ガラスの生態系

　海洋島の生態系は外来生物の侵入に対して脆弱です。そのため、多くの海洋島において外来生物による生態系の劣化が報告されています。小笠原諸島も例外ではありません。多くの外来生物が小笠原に侵入しており、在来の生態系保全にとって現在も大きな脅威となっています。小笠原諸島は固有種の宝庫であると同時に外来種の宝庫でもあるのです。

　新たな環境に侵入した外来生物は、その生態系の一部として取り込まれます。そこには、新たな生物どうしの関係（生物間相互作用）が生まれます。外来生物が生態系の一員として組み込まれた後に、その外来生物を駆除すると、それまでに形成された生物間相互作用が変わることにより、予想外の結果を引き起こす可能性があります。そのため、外来生物を含む生物間相互作用の実態を理解することが、外来生物を駆除したあとの生態系の回復にとって不可欠です。

　また、外来生物の駆除にはその順番がきわめて重要です。父島の属島である西島では、クマネズミを駆除した後、在来植物の実生の出現など植生が回復するきざしが見られた一方で、外来樹種のトクサバモクマオウの実生も多数観察されました。トクサバモクマオウは、攪乱を受けた開けた場所に侵入し、純群落になって、大量の落葉・落枝を落とします。そうしてできた厚い落ち葉層は、在来植物の発芽や定着を妨げるため、在来種の多様性が大きく減少します。しかし一方、落ち葉の下に生息する陸産貝類はクマネズミの捕食からのがれられると考えられます。このように、外来生物は在来生物にとってプラスにもマイナスにも影響する可能性があります。そのため、外来生物を駆除する場合、その駆除の影響を多面的に評価し、駆除後の適切な管理方法を確立しなければな

ノヤギ（撮影／加藤英寿）人間の移住の際に連れてきたヤギが野生化したもの。植物を食べ尽くし、日本各地におけるシカのような問題を引き起こしている。

りません。

ヤギを駆除すると生態系は回復するか?

　小笠原を含む多くの海洋島で野生化しているヤギ（ノヤギ）は、その食害と踏みつけによって、島の植生の破壊や土壌流出を引き起こし、生態系の機能を大きく損なっています。そのため、父島以外の島では、すでにノヤギは完全に駆除され、父島でも2013年現在、駆除が進められています。しかし、ノヤギの駆除は、必ずしも生態系の機能の回復につながるとは限りません。なぜなら、ノヤギの駆除が、生物間相互作用を介して、生態系の機能の回復に予想外の影響を及ぼすかもしれないからです。

　ノヤギが駆除された後の生態系機能の回復の程度の違いは、駆除の前と後に起こったさまざまな出来事が関係します。たとえば、駆除の前に土壌の流出が起こった場所では、表層土壌が失われます。このような場所では、植物の成長に必要な栄養分や水、根を張るための土壌そのものが不足しています。そのため、ノヤギが駆除され食害がなくなっても植物はほとんど成長できないでしょう。実際に、ノヤギ駆除の前に植生が破壊され、土壌が流出した場所では、駆除後の植生の現存量（バイオマス）や土壌の肥料分（栄養塩量）が少ないことがわかりました。

　ノヤギが駆除されたあとには、海鳥の営巣の回復も期待されます。これも、植生の回復と関係します。海によって他の

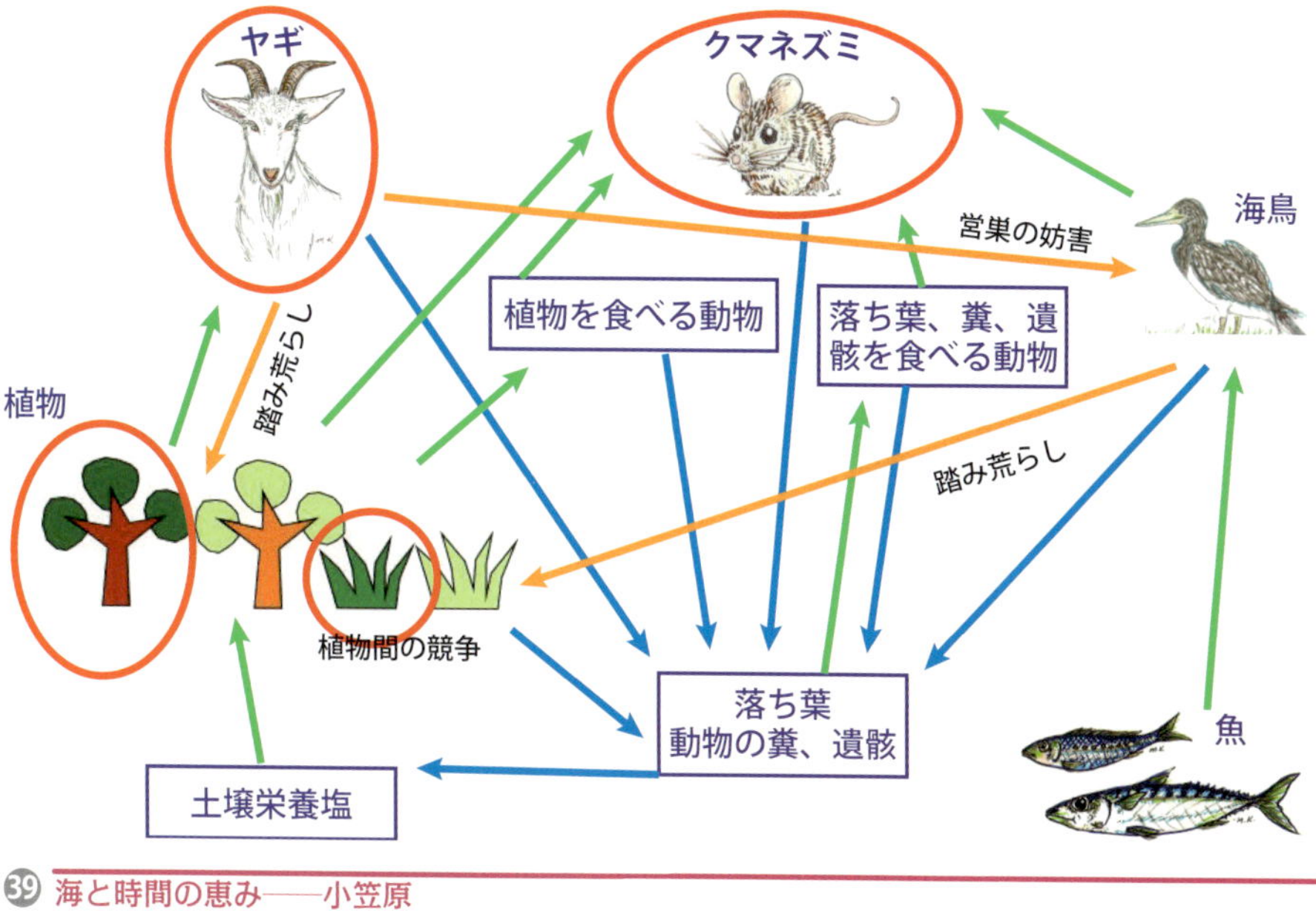

外来生物を取り込んだ生物間相互作用

現在の小笠原の生態系では、外来生物も一定の地位を占めるようになっている。そのため、いきなり外来生物を駆除すると、在来生物の生活にインパクトを与えてしまいかねない。どのような順序，強さで駆除をすすめるべきかを提案するためには、生態学的な研究が有効だ。（原図／吉田勝彦・郡 麻里）

○：外来生物
→：供給
→：食べる・利用する
→：攻撃

媒島に営巣するカツオドリの群れ（撮影／加藤英寿）

生態系と隔離された島では、海鳥は、海で採った餌（魚など）を陸上に持ち込み、吐き戻しや排泄物などを介して、生態系外から生態系内に窒素やリン酸などの肥料分となる栄養塩を持ち込む役割を果たします。小笠原でも、リン酸（可給態リン酸：植物が吸収できる形のリン）を極端に多く含む土壌が発見されています。これは、海鳥の営巣により、リン酸が土壌に長年蓄積した結果であろうと考えられます。海鳥が海から植物の栄養分を運んでくるわけです。しかし一方で、海鳥は、植生の踏みつけや土壌の掘り返しなどの撹乱を引き起こします。このような栄養塩の富化と物理的撹乱の影響の有無や程度は、海鳥の種類によっても変わります。

さらに、生態系の一次生産（植物の成長）や土壌中の栄養塩の量とこれらの駆除前後の出来事との関係は、単純な原因と結果の関係ではなく、間接的な効果も含めた複雑な相互作用も含まれます。このような相互作用を加味して、ノヤギやネズミなどの外来哺乳動物を駆除した場合の生態系の変化を、コンピューターを使ったシミュレーションによって予測したところ、複数の外来哺乳類を一度に駆除した場合、島全域が森林、もしくは草地になるという両極端な生態系に変化する可能性が示されました。つまり、外来生物を駆除した後、その生態系がどう変化するかはさまざまな可能性があるということです。外来生物を駆除すればそれで終わりではなく、その後もモニタリングを継続し、順応的な管理を行っていくことが重要です。

研究者の社会的責任とは

小笠原をフィールドとする研究者は、三つの社会的な責任を担っています。一つは、世界自然遺産としての小笠原の自然の価値を科学的に明らかにして、その成果を社会に公表することです。二つめは、生物種間の相互作用を考慮して、外来生物の駆除やその侵入拡大を防ぐための順応的な管理方法を提言し、行政やNPOがすすめている外来種対策事業に対して科学的な助言をすることです。そして三つ目は、研究者のフィールド調査活動そのものが、新たな外来生物を拡散させたり希少な動植物の保全に逆行することがないよう細心の注意をはらうことです。

森林生態系保護地域に設けられた看板（撮影／可知）。ガイドとともに見学を行う場合には、こうした看板やガイドの指示に従い、自然との共存を考えた行動を心がけよう。

小笠原諸島では、島の大部分が行政により保全の網が掛けられています。たとえば、林野庁が指定する、小笠原諸島森林生態系保護地域に立ち入る場合は、専門的な講習を受けたガイドの同行が必要です。また、ガイドが同行していても、決められたルート以外への立ち入りが制限されています。さらに、保全上重要な地域の入り口には靴の裏についた植物の種子などを落とすためのブラシなどが置かれており、外来生物の持ち込みを防ぐためのさまざまな工夫が試みられています。このように研究者以外の人には、保護地域への立ち入りに際して厳しいルールが設定されています。一方で、研究者は、研究上必要があれば許可を得て、これらの地域に入ることもできます。そこで、野外調査にあたって留意すべき項目をまとめた自主ガイドラインが研究者自身によって２０１２年に作られ、首都大学東京の小笠原研究委員会のホームページで公開されています。

世界遺産級の自然との共存をめざして

小笠原諸島も他の世界自然遺産地と同様、登録後に観光客が増加し、その質も変わったようです。おがさわら丸の定員と民宿の収容力が限られるため、観光客は極端には増えませんでしたが、安全確保とともに、特定の地域にエコツアー客が集中しすぎない配慮が必要という意見もあります。小笠原の自然は、たしかに脆《もろ》いですが、その脆さを理解した上で、ルールを守って利用すれば、私たちはその自然の恵みを受け続けることができるはずです。そのためには、行政、研究者、地元ＮＰＯ、地元島民、ガイドを含む観光業者、観光客など様々な立場の関係者が、互いに連携し取り組んでいかなければなりません。

首都大学東京の小笠原研究委員会のホームページ
http://www.tmu-ogasawara.jp/
研究者のための自主ガイドラインは、ｐｄｆで提供されている。ダウンロードして保存することもできる。

種子の浮遊性を失った固有種

小笠原の随所で見られる固有種のモンテンボクは、ハイビスカスの仲間です。太平洋の島々や東南アジアの海岸に広く分布するオオハマボウと同じ祖先から分化したと考えられています。オオハマボウの種子は海水に浮くため、海流に乗って遠くの島にも運ばれます。オオハマボウは、父島の小港の八瀬川河口付近にもマングローブ林のように広がっています。モンテンボクの祖先の種子も海流に乗って小笠原にたどりついたと想像されます。ところが、小笠原で進化したモンテンボクは、海岸近くだけでなく内陸にも分布しており、その種子は海水に浮かずに沈んでしまうものがほとんどです。すなわちモンテンボクは、内陸の環境に適応して分化していくあいだに、種子の浮遊性（海流に運ばれて散布する能力）を失ってしまったのです。

オオハマボウ（上、広域分布種）とモンテンボク（下、固有種）。どちらも花は１日しかもたず、夕方には赤く変色する。（撮影／加藤英寿）

オオハマボウの種子は水（海水）に浮くが、内陸にまで分布するモンテンボクの種子は水に沈む（撮影／髙山浩司）。

洋上の屋久島。九州最高峰・宮之浦岳をはじめ、1800 m級の山々を擁する。この姿こそが、屋久島の多様性の源（撮影／山下大明）

水の恵み——屋久島

「洋上のアルプス」とも呼ばれる、懐深い山々を擁する屋久島。世界でも有数の多雨を浴びるその斜面を、林の変化に注目しつつ歩こう。日本列島の北から南までを標高に沿って圧縮したかのようにうつりかわる多様な森林を見ることができる。

湯本貴和（京都大学霊長類研究所　教授）

雨の島・屋久島

屋久島は雨の島である。標高2000メートルに迫る高山を擁するため、斜面に沿って上昇した空気が冷却されて雲をつくりやすい。海岸沿いの小瀬田《こせだ》での15年間の平均では、年間4290ミリの降水量を記録した。これは鹿児島の2倍、奄美大島・名瀬《なぜ》の1・5倍にあたる。山間部では、実に8000ミリ以上の雨が記録されている。日本有数、いや世界でも屈指の多雨だ。

屋久島はまた、九州一の高峰・宮《みや》之《の》浦《うら》岳（1983メートル）をはじめとして、1800メートル級の七座を擁する山岳島でもある。

九州南端から琉球列島に連なる島々は「琉球弧《りゅうきゅうこ》」と呼ばれ、美しい花綵《はなづな》にもたとえられる。南国の青い

海とエキゾチックな生物たち、自然とともに生きる島民の暮らしは、都会人の憧れを常にかきたててきた。東に種子島《たねがしま》、西に口之永部島《くちのえらぶじま》、南にトカラ列島につながる、南西諸島の北端に位置する屋久島は、その一端にあたり、屹立する山々とともに数千年の命を保つヤクスギを抱く深い森の島として、独特のイメージをもつ。宮崎駿アニメの「もののけ姫」のシシ神が住む森のイメージは、屋久島だといわれている。

☞登録理由

標高による連続植生、植生遷移や暖温帯の生態系の変遷等の研究における重要性を持つこと、ヤクスギを含む生態系の特異な景観を持つことなどが学術的に大きな価値をもつと評価された。

●エコ・ツアーを調べる

屋久島地区エコツーリズム推進協議会
http://www.yakushima-eco.com/yakushima_fl/guide_meikan/guide_menu.html
目的に合ったツアーガイドを探すことができる

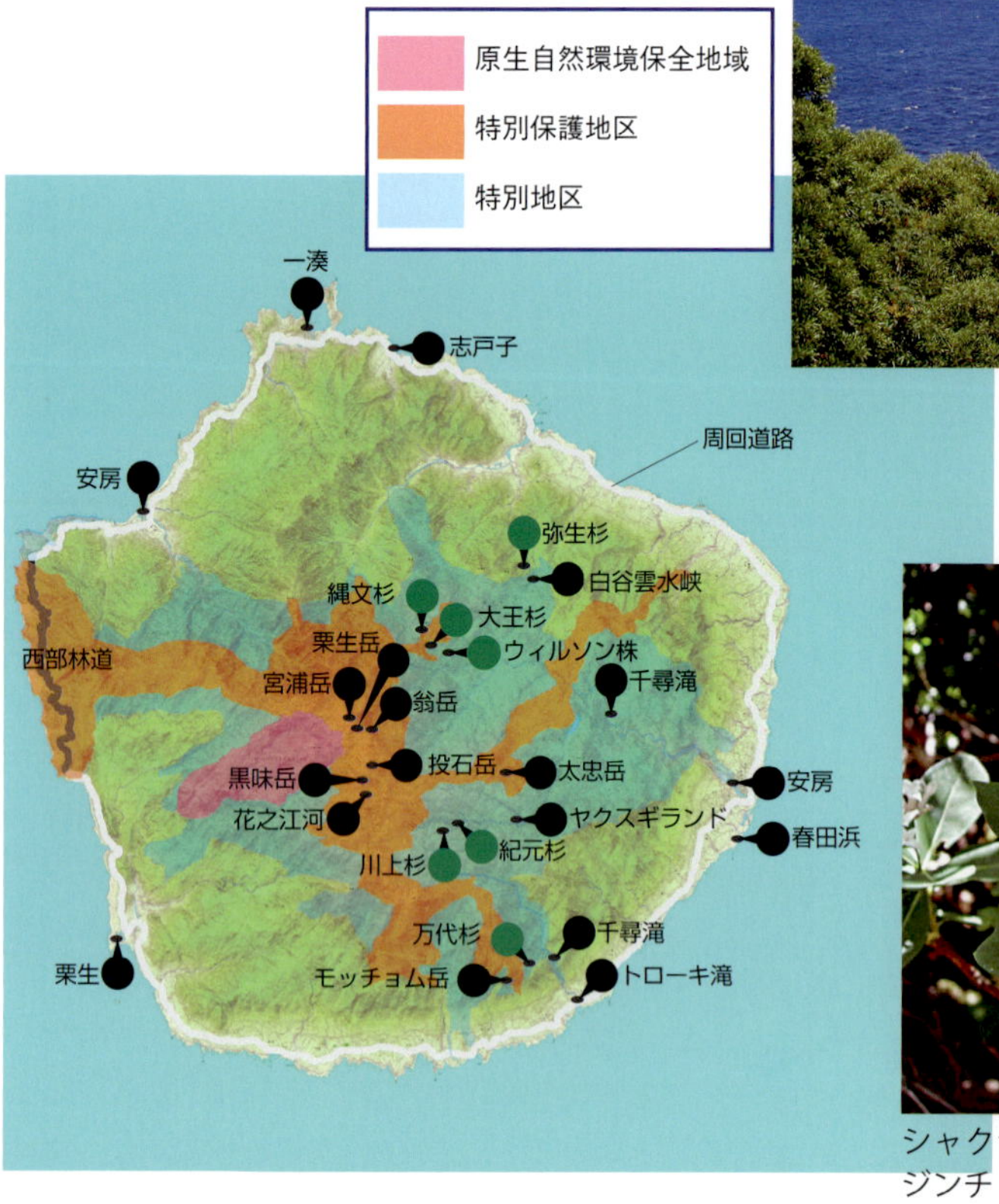

照葉樹林から海を見下ろす
（灯台は永田灯台）

植物の宝庫

この島には、日本の縮図ともいうべき「亜熱帯から亜寒帯までの森林」が、標高に対応して分布する。屋久島は、この植生の垂直分布が連続して残っている極めて貴重な島であり、世界自然遺産にふさわしい価値があるとして、1993年に、白神山地とともに、日本で初めて遺産登録された。

森林の多様性は、そこに生きる植物の多様性に直結する。屋久島では、シダ植物388種、種子植物

オニカンアオイ。標高900 m付近の、沢沿いでやや湿ったところに生える。花は初冬に咲く

屋久島の固有植物

シャクナンガンピ。森林限界を越えた高地で見られる。ジンチョウゲのなかまで、花は香りが高い

カンツワブキ。屋久島と種子島に固有。ツワブキより小型で、葉に光沢がない

コケスミレ。固有変種で、湿地帯のミズゴケの中に生える。花の大きさが1 cm弱の、小さな小さなスミレ

ヤクスギランドのスギ林

胸高周囲13.8 m，屋久島最大の切り株・ウィルソン株のなかからスギの若木を見上げる

2007年に発見された新種の腐生植物、ヤクノヒナホシ（撮影／山下大明）

１１３６種の自生が確認されている。日本に自生する植物の約４分の1が、この周囲１００キロほどの小さな島に分布するのだ。そのうち、固有種は47種、固有変種と亜種は31種が確認されている。これらは、世界でここにしか産しない植物だ。屋久島は、まさに植物の宝庫である。

いまから1万年以上前の氷河時代は、地球規模の気候変動によって、氷期とよばれる冷涼な時期と、間氷期とよばれる温暖な時期を繰り返す時代だった。間氷期は温暖で海水面が高くなり、島々は孤立する。この時期、高い山のない沖縄や奄美では、涼しい気候を好む植物は逃げ場を失って絶滅してしまった。しかし、高い山をもつ屋久島では、これらの植物も気温の低い高地で生き延びたと考えられる。かれらは、母体となった大きな集団から切り離され、独自の変化を遂げる。屋久島の固有種で最も多いのが、本土以北あるいは台湾高地の植物と明らかに近縁関係にあり、屋久島の高地にだけ分布する、というタイプであることは、その証しとなるだろう。

このように屋久島は、琉球弧という植物の回廊のなかで特異な位置を占めている。豊かな降水量と複雑な地形に恵まれた屋久島は、植物が北へ南へと分布を移すたびに、渡来した植物に適した場所を提供し、とらえて離さなかったのだ。

屋久島になぜ多くの植物種が分布し、なぜ多くの固有種や固有変種が多いのかは、このような気候変動と屋久島の地理的な特異性で説明できる。連続した垂直分布帯こそ、さまざまな植物の絶滅を防ぎ、新しい植物を産みだしてきた屋久島の植物の宝庫としての生命線なのだ。

スギの分布限界

神の島と森林開発

　こうした豊かな自然をもつ屋久島も、人間の手が加わっていない場所はほとんどないといってよい。

　かつて屋久島は神の島であった。中央に険しい山岳地帯を抱えるために、海岸部にしか集落がない。島民は、集落から仰ぎみる標高1000メートル前後の山を「前岳」、その奥の山々を「奥岳」と呼び慣わしてきた。前岳は照葉樹林という鬱蒼とした森に覆われていて、島民は精霊に失礼がないように十分に敬意を払いながら、薪をとったり炭を焼いたりしてきた。奥岳になると、そこはもう人間がみだりに足を踏み込んではならない精霊に満ちた恐ろしい神の園であり、立ち入るだけでも相当の覚悟を必要とした。

　しかし屋久島を直轄領とした薩摩・島津氏は、17世紀半ばからヤクスギの本格的な伐採にのりだした。宮之浦に屋久島奉行を置いて、ヤクスギを年貢として納める体制を確立した。当時、ヤクスギは屋根を葺《ふ》く平木として用いられた。平木は長さ60センチ、幅10センチほどの薄板である。巨大なヤクスギを丸太のままで麓まで搬出する手段がなかったため、伐ったその場で平木に加工した。平木にならないような瘤《こぶ》のある木や曲がった木、内がウロになっている木は伐採を免かれている。

　明治以降、屋久島の8割弱の面積が国有林に繰り込まれたのちも、森林伐採は続く。太平洋戦争時代の木材需要期には、大量の木材が屋久島から出荷されている。さらには一九五六年にチェーンソーが導入されて以降、標高640メートルに設けられた森林伐採の基地である小杉谷を中心にヤクスギが伐られ、またパルプ用材として前岳の照葉樹林も大面積で皆伐された。

　1964年に「霧島屋久国立公園」として島の38%が国立公園に編入されたが、禁伐の特別保護地域は公園

西部地域の照葉樹林を流れる瀬切川

落差60 m，鯛の川にある千尋滝（せんぴろのたき）

の32％、伐採方法や面積に制限のない第三種特別地域が6割を占める。

1970年代から90年代は、屋久島で開発と自然保護が最も先鋭的に対立した時代であり、島民の間にも大きな対立が表面化した。1972年には屋久島原生林の即時全面伐採禁止を唱える「屋久島を守る会」が結成され、それに対抗して翌73年には森林組合を中心とした「屋久島住民の生活を守る会」ができた。国有林である原生林の伐採の可否は、国会で議論されるまでに至ったのだ。

屋久島は1993年12月9日に日本最初のユネスコ世界自然遺産登録地となり、全国的に知られるようになった。世界自然遺産地域に指定されているのは、島の五分の一に過ぎない。それでも植物の宝庫としての屋久島の生命線である垂直分布帯が、世界遺産として永久に残されたことは評価しなければならない。屋久島は長い時間をかけて、ようやく本当の意味で人間と自然と共存共栄する時代を迎えたといえるかもしれない。

標高1600 mにある日本最南端の高層湿原、小花之江河（こはなのえごう）

屋久島の三岳。左から永田岳（1886 m）、宮之浦岳（1935 m）、栗生岳（1867 m）

千尋滝の花崗岩

大雨の日、林床は大量の水に洗われる（撮影／山下大明）

積雪の奥岳。標高の高い山の存在が、多様な森林の要因のひとつ

これからの屋久島

ユネスコ世界遺産委員会では、エコ・ツーリズムという新しい産業を奨励して自然遺産の価値を普及するとともに、遺産地域に現金収入をもたらして雇用を生みだし、地元の人々にも遺産を保護する重要性を理解してもらうように努めるべきであるとしている。エコ・ツーリズムは、「比較的攪乱《かくらん》されていない自然地域をベースとした観光の一部で、その場所を劣化することなく、生態学的に持続可能なもの」と定義され、その考え方を具体化した旅行をエコ・ツアーとよぶ。最近は、自然遺産地域以外でもエコ・ツーリズムは大きなブームになっており、世界各地で地域の自然を保護しつつ利用しようとする動きが盛んになっている。しかしその動きが利益重視の方向に偏ると、生態系への影響の小さい、長く続けられる「持続可能な活動」をという精神に反する、似非《えせ》エコ・ツアーの横行を招き、遺産自体の存続を危うくする結果となってしまう。

屋久島ではすでに一五〇名以上がツアーのガイドとして生計を立てていると推定される。近年はガイドを

淀川(よどごう)の清流

1966年に発見された屋久島最大のスギ・縄文杉

西部地域にある標高1323 mの国割岳

目指して屋久島に定住する若者も増えている。その結果、南西諸島では例外的に、西表島のある竹富町とともに屋久島町では人口減が止まり、増えはじめている。

屋久島では、エコツアーガイドとしての研修と親睦を深めるための「屋久島ガイド連絡協議会」が1999年に発足した。自然遺産での観光では、ツアーの安全確保やエコ・ツーリズム精神の徹底、観光客の体験学習に必要な自然知識の普及に努めることで、ガイドの果たす役割は大きい。それとともに、持続可能な活動が行われているかどうかを常に監視し続けるしくみづくりを急がなければならない。2004年にはさらに、今後のツーリズムの方向性を考える屋久島地区エコツーリズム推進協議会が組織された。また2009年6月には、屋久島世界遺産地域科学委員会が設置された。この委員会の役割は、世界遺産に登録された屋久島の自然環境を把握し、科学的なデータに基づいた順応的管理に必要な助言をすることにある。

上屋久町と屋久町が合併して、屋久島町が誕生してから5年になる。これを機に、いまの世代の人々がこの屋久島の自然の恵みを十分に楽しみ、さらに次世代である未来のこどもたちに確実に伝えるために、問題解決型・未来志向型の屋久島学会を設立しようとする動きがある。これまでの多くの学会は、研究者の成果発表と情報交換が主な目的だった。この屋久島学会はそれだけにとどまらず、屋久島の地域社会と研究者コミュニティーが協働して新しい知を構築し、それを地域社会のために具体的に活かしていくことを目指している。

21世紀は環境の時代といわれる。そのなかで屋久島は環境問題の聖地のひとつとしてのブランド・イメージを利用するだけではなく、それに見合った役割を果たすことが期待されている。

ヤクシマザルとヤクシカ

屋久島は植物の宝庫だが、陸上哺乳類の種類は少なく、9科16種が知られている。これらのなかには、九州本土や本州で見られるイノシシ、ノウサギ、キツネ、アナグマなどは入っていない。タヌキは本来いなかったが、近年、島外から持ち込まれて繁殖している。

哺乳類の固有亜種としては、ヤクシマザル、ヤクシカ、ヤクシマジネズミ、ヤクシマヒメネズミの4亜種がいて、種子島との共通亜種に、セグロアカネズミ、タネハツカネズミ、タネジネズミ、コイタチの4亜種がある。

屋久島の固有亜種のうち、島内でよく見られるのが、ヤクシマザルとヤクシカだ。ヤクシマザルは本土の亜種ホンドザルに比べて小型でずんぐりしていて、体毛も長くて粗く、やや暗灰色を帯びている。ヤクシカはニホンジカの亜種の一つで、亜種のなかでは最も小さい。どちらも海岸部の照葉樹林帯から、山頂部の風衝低木林やヤクシマダケ草原まで、広く分布している。

屋久島では「ヒト2万、シカ2万、サル2万」といわれ、昔からなじみ深い動物だったが、つかず離れずの関係を保っていた。しかし最近では、西部林道や白谷雲水峡(しらたにうんすいきょう)などで人慣れが著しい。人里にまで入り込んで、農作物などを荒らすこともある。また自然林でも、ヤクシカの食害によって林床植物がほとんどなくなって、土壌流出が始まった場所さえ見られるようになってしまった。

寄生植物の一種、ヤッコソウ

屋久島に行ったら見ておきたい・見られたらウレシイもの10

湯本貴和的

★★★：絶対見ておきたい
★★：探してみよう
★：見られたらウレシイ！

①スギの倒木更新 ★★★

屋久島の苔むした倒木や切り株の上に、スギの芽生えや若木が生えている。光が当たりやすく、十分な水分が得られる環境でスギは芽生える。稚樹が育って巨木になったものには、三代杉とか、母子杉とか名前がついている。

②ヤマグルマ ★★★

ヤクスギの多い森林にいけば、あたかもスギの大枝のようにヤマグルマの大木が着生しているのがみられる。ヤマグルマは、本土では崖のような険しい場所でまれに見られるだけだが、屋久島ではよく見られる。

③アコウとガジュマル ★★★

どちらも、クワ科イヌビワ属の「絞め殺し植物」。他の樹木の樹上で芽生え、着生して成長し、そのうちに宿主よりも大きくなるという、熱帯や亜熱帯を代表する生活型をもつ。海岸沿いの集落周辺や照葉樹林のなかで見られる。

④メヒルギ ★★

屋久島最南部・栗生《くりお》で見られるマングローブ。満潮時に海水が入ってくる泥地の植生。より南では他の種もあるが、分布のほぼ北限にある屋久島ではメヒルギ1種だけからなる。かつては栗生川の河口に広く群落をつくっていたが、いまではわずかに残るだけとなった。

⑤アカウミガメの産卵 ★

屋久島はアカウミガメが産卵のために上陸する日本有数の場所で、例年2000〜3000頭のアカウミガメと少数のアオウミガメが上陸する。そのため、永田浜はラムサール条約の登録地となっている。例年5月上旬〜8月上旬までがシーズン。

⑥サンゴ礁 ★★

屋久島は、陸上だけが見どころではない。栗生や安房《あんぼう》、一湊《いっそう》や志戸子《しとご》の海岸にはサンゴ礁があり、熱帯域から温帯域にかけての非常に多様な魚類が見られる。

④栗生のメヒルギ

①倒木更新。倒れた木の上に次世代が育っている

⑦隆起サンゴ礁 ★★

安房の春田浜には、5500〜4500年前に形成され、地殻変動で隆起したサンゴ礁でできた海岸がある。イソマツ、ソナレムグラ、シマセンブリといった、奄美から沖縄に分布がつながっている独特の植物群がみられる。

⑧渓流沿い植物 ★★

白谷雲水峡やヤクスギランドの清流沿いには、増水すると流れに洗われるところに、サツキ、ホソバハグマ、ヤクシマショウマ、ウチワダイモンジソウ、ホソバホラシノブなどの植物がみられる。葉や葉片が小型で流線型であることに注目。この形は、水の抵抗を少なくする効果があると考えられている。

⑨西部林道から眺めるヤクタネゴヨウ ★★

島の西部には道幅が狭い、通称・西部林道とよばれる県道が通っている。島の一周道路で世界遺産地域を横切る唯一の場所である。ヤクシマザルやヤクシカも多く見られるが、川原付近から国割岳につながる尾根を眺めると、屋久島と種子島に固有で、絶滅危惧種であるヤクタネゴヨウの白っぽい幹が見える。

⑩アカヒゲ ★

国の天然記念物である、声も姿も美しい野鳥。同じく国の天然記念物のアカコッコやイイジマムシクイは、屋久島での消息は現在不明だが、アカヒゲはまれではあっても確実にいる。主にヤクスギ帯上部で、遠くから声だけでも聞けたなら、本当にラッキー。

③ヤクタネゴヨウに絡む「絞め殺し植物」のアコウ

⑩アカヒゲ。開けた場所に出てくることは少なく見つけづらいが、初夏の繁殖期、明け方や夕方にさえずりが聞こえるかもしれない

⑨西部林道から照葉樹林を見上げる。ヤクタネゴヨウの白っぽい幹が点々と見える

⑧渓流沿い植物のひとつ、ホソバハグマ。増水すると水に洗われる岩の上に生える

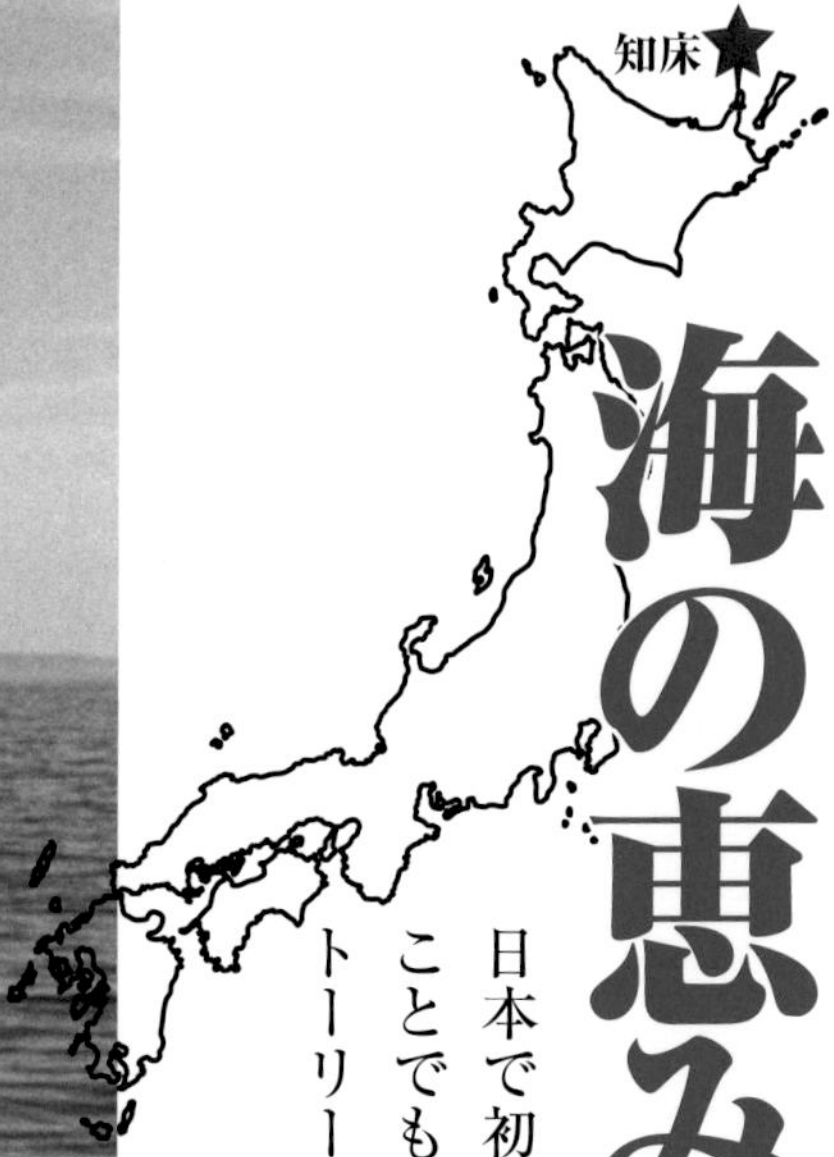

海の恵みと人の営み——知床

日本で初めて、海域を含む世界自然遺産に登録された知床。登録地域内で漁業が行われていることでも、異色の存在だ。登録実現の影には、国際コモンズ学会*により「世界のインパクトストーリー」の一つにも選ばれた漁業者の取り組みがあった。登録までの経緯を紹介しよう。

松田裕之（横浜国立大学　教授）

知床の自然の価値

知床は、世界自然遺産登録基準の「生態的プロセス」と「生物多様性」の二つを満たしていると評価されました。

「生態的プロセス」という基準については、「①海洋生態系と陸上生態系の相互作用とともに特異な生態系の生産性を示す顕著な見本で、②北半球において最も低緯度に位置する季節海氷域の影響を大きく受ける地域であり、③その結果として、流氷がもたらすアイス・アルジーや他の植物性プランクトンの大発生がこの海域の生態系を形作り、④海洋だけでなくサケ類の遡上などを通じて陸上生物の餌資源を供給することで、推薦地の顕著な生態学的プロセスの基礎となる」と評価されました。

深海に生息するイカを求めて潜水するマッコウクジラ。それを観察する小型船はここ数年、人気急上昇中。後方には、知床と生態系を一にする北方領土・国後島の島影が連なる（提供／毎日新聞社）

すなわち海洋と陸上の複合的な生態学的プロセスや生態系の顕著な見本とされたのです。

「生物多様性」の基準では、シマフクロウやシレトコスミレなどいくつ

☞登録理由

流氷や気候帯などの影響による独特な海洋生態系をもつだけでなく、海洋と陸上の生態系とが相互作用を示す顕著な見本であること、貴重な動植物種の存在などが評価された。

●訪れる前に見ておきたいウェブサイト

知床自然センター／知床財団
http://www.shiretoko.or.jp/
現地の最新情報だけでなく、訪れる際に役立つ安全のための手引き、機材貸し出しの情報などが掲載されている。

＊国際コモンズ学会
「コモンズ」とは「共有資源」のこと。その管理問題を研究対象として設立された，社会科学・人文科学・自然科学における世界各国の専門家約200人から組織された国際学術研究機関。略　称IASC（International Association for the Study of the Commons）。世界大会が隔年で開催，第14回世界大会は，2013年6月に富士吉田市で開催される。

かの絶滅危惧種や固有種がすむほか、サケ科魚類、トドや鯨類を含む海棲哺乳類などがすむこと、国際的な希少種である海鳥の生息地、渡り鳥の重要な渡りの通り道としても重要であること、限られた地域のなかにみごとな森林生態系を形作っていることが評価されました。

図1　知床世界遺産遺産登録地域の国内での保護担保措置。この図は登録申請時のもので、登録時に海域の国立公園普通地域を距岸3 kmに拡張し、2007年に「核心」「緩衝」地域の名称をそれぞれA、B地域と改めた。

登録地はどのように保護されるのか

世界遺産の登録地は、通常、自然を壊さないように、法的にも実質的にも厳重に保護されます。知床では、図1に示したように、陸域の核心地域は国立公園の特別保護地区、第1種特別地域、森林生態系保護地域の保存地区に指定されています。これらの地域では、開発行為が許可制になっています。

陸域の緩衝地域は国立公園の第2種、第3種特別地域、原生自然環境保全地域、森林生態系保護地域の保全利用地区、緑の回廊に指定されています。また、海域は国立公園の普通地域に指定されています。

国立公園の普通地域である海域では、定置網漁業や刺し網漁業が行われていました。そのため地元羅臼の漁業者には、世界遺産に登録されると、漁業活動に何らかの制限がかかるのではないかという不安がありました。環境省と北海道は、2004年春に世界遺産に申請するにあたり、「世界遺産登録に伴って新たな漁業規制はしない」と漁業協同組合(漁協)に確約しました。

流氷の海を行くスケソウダラ漁船（撮影／佐藤臣里）

候補地に漁場がある

登録申請の直後に、政府は知床世界自然遺産候補地科学委員会を組織し、私もその委員になりました。知床に先立つ1993年に、日本には屋久島と白神という二つの世界自然遺産がありましたが、どちらにも科学委員会はありませんでした。知床で、科学者の助言を参考に管理計画を策定、実施、評価していく枠組みが初めて作られたのです。

世界遺産登録の審査に当たった国際自然保護連合（IUCN）は、2004年秋ごろ、海域をさらに保護するよう、手紙で非公式に求めてきました。先に述べた北海道と政府の約束と、このIUCNの要求は、相容れないことのように思えました。当初、このIUCNの非公式の手紙は科学委員会に伏せられていましたが、新聞で報道されました。

科学委員会としては、この非公式書簡を真摯に受け止め、ＩＵＣＮの要求にどう答えるかを議論し、助言するのが役目だと思いました。しかし、政府は科学委員会を招集せず、彼ら自身の手でＩＵＣＮへの返書を作ろうとしました。

当時科学委員会の座長だった石城謙吉さんは事態を重く見て、電子メールで科学委員会の意見をまとめ、環境省に送りました。科学委員会は、ＩＵＣＮの要求に応える必要があると考え、それに対処するために河川と海域のワーキンググループを作る必要があるとの見解を表明しました。しかし、政府は科学委員会の意見を無視し、新たな漁業規制は必要ないという返書をＩＵＣＮに送りました。

それを受けたＩＵＣＮは、登録海域を十分に拡張することと海域管理計画の作成を促すことを、再び手紙で求めてきました。前の手紙はまだ要求が抽象的でしたが、今度は具体的です。あからさまに言わないとわかってくれないと思ったのかもしれません。

オオワシ（撮影／関勝則）

シレトコスミレ（提供／知床斜里町観光協会）

オジロワシ（撮影／関勝則）

エゾクロテン（撮影／関勝則）

シャチ（撮影／関勝則）

クラカケアザラシ（撮影／関勝則）

科学委員会の「奇策」と漁協の決断

今度は、科学委員会にお鉢が回ってきました。漁業への制限を嫌う漁民と、IUCNの求める管理計画。相容れない二つの制約を同時に満たすには、漁民自身が新たに保護策を打ち出すしかない、と私は考え、そう提案しました。一見、非常識な屁理屈かもしれません。しかし、漁民が政府による規制を嫌うのは、もともと海の資源は自分たちで管理するという伝統があるからなのです。

魚などの漁業資源を獲りすぎて（乱獲して）しまっては、やがて資源がなくなって、漁業は立ち行かなくなり、彼ら自身が損をします。ですから、漁業者も乱獲しないように自ら工夫してきたのです。けれどもそれはあくまで漁民自身が決めることで、「お上」が決めることではありません。

このときは、地元の北海道でも管轄官庁の水産庁でも、さらに疎遠な環境省でもなく、もっと遠い異国のIUCNが、保護レベルを高めるように求めてきました。しかも、それはおそらく、野生動物のトドのためと考えられました。トドは、高価な網を破って獲物である魚を食べるため、漁民にとっては害獣です。

漁民は、その必要がないと突っぱねることもできました。ただし、それは世界遺産登録をあきらめることを意味するはずです。逆に、漁民自らが世界遺産に値する自然を守りながら漁業を営んでいることを示す道もあるはずです。私は、漁民に選ぶ権利があると言いました。世界遺産登録は、あくまで地元の利益にもなる場合に成し遂げるべきものだと思います。

2005年の春、羅臼の漁業協同組合は、自主的にスケトウダラの季節禁漁区を拡張する道を選んでくれました。自主的に拡張したのですから、政府が規制したものではありません。これは、法的に定められた保護区ではありません。したがって、スケトウダラの資源が回復すれば、いつまでも禁漁を続ける必要もないでしょう。

図2に、禁漁区の拡大の様子を示します。スケトウダラは1980年代には、全国で200万トンを超える、日本の主要な水産資源の一つでした。しかし、1990年代に入っ

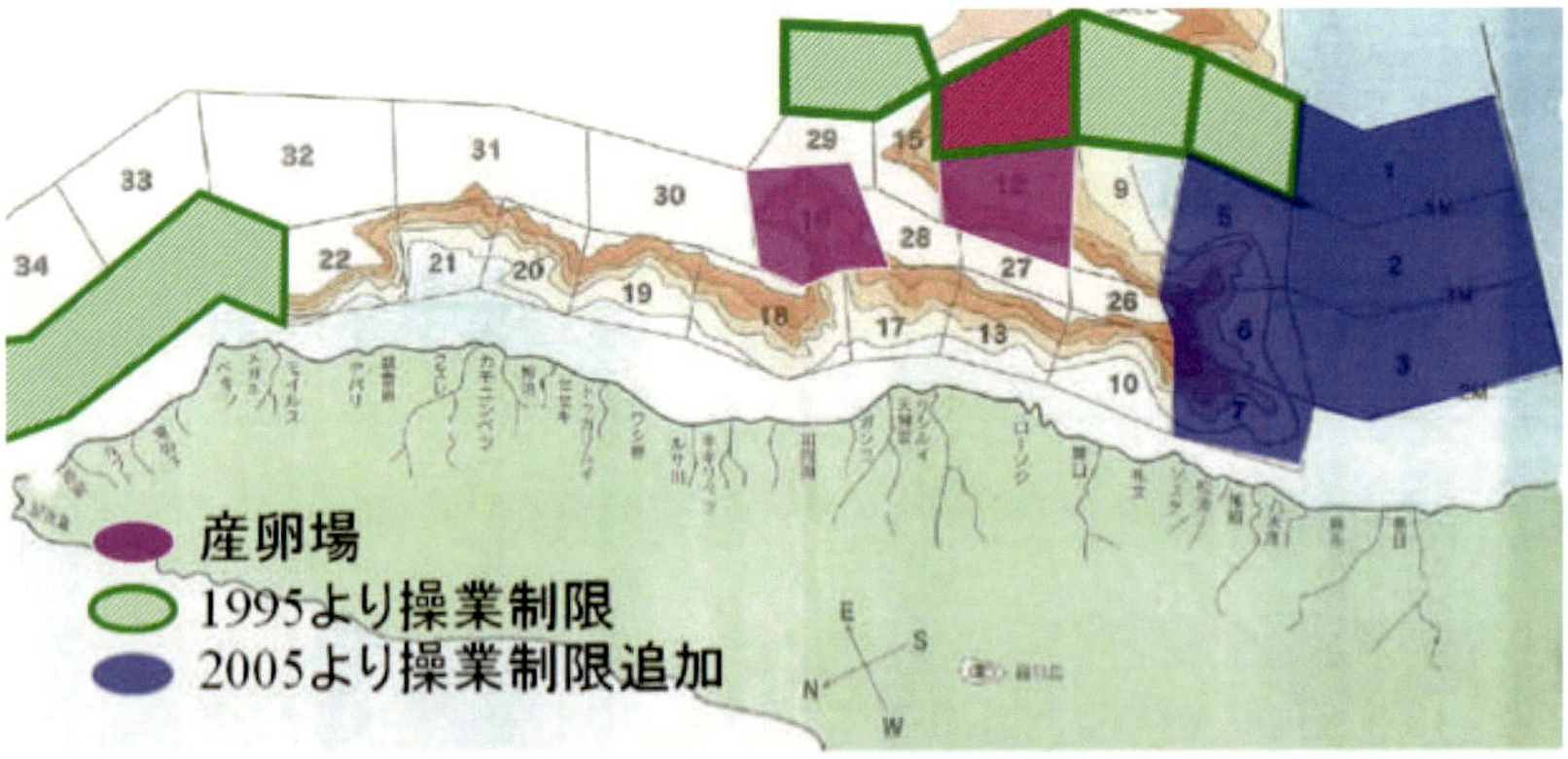

図 2．知床半島羅臼側におけるスケトウダラの漁場（漁区1~34）、産卵場、1995年からおよび2005年からの季節禁漁区（牧野光琢氏の図を改変）。海岸から茶色の部分までが水深200mより浅い海域。曲線は等深線を表す。

オオカミウオ（撮影／関勝則）

シマフクロウ（撮影／大橋弘一）

キタキツネのこども（撮影／関勝則）

て資源が減ってきたため、羅臼漁協は産卵期に当たる3月下旬に、産卵場の大半を含む8つの漁区を季節禁漁区にしていました。このときの決断で、新たに6つの漁区を季節禁漁区とし、禁漁区を拡大しました。これで、IUCNの求めに答えたことになります。行政は「海域管理計画」という文書をまとめた以外に、保護レベルを高める具体的措置を何もしていませんから、漁協だけが「犠牲」を払ったといえるでしょう。

はたして、IUCNは2005年5月に知床を世界自然遺産に登録するようユネスコに勧告し、7月の世界遺産条約会議で、めでたく知床は世界遺産に登録されました。このように、漁民こそが、知床世界遺産登録の最大の功労者といえるのです。

羅臼漁協の取り組み

図3は、スケトウダラの漁獲量の変化を示したものです。1990年代に入ると漁獲量が激減しているのがわかります。日本の主要水産資源の一つだったスケトウダラは、なぜ減ったのでしょうか。

1995年までは、羅臼だけでも177隻の漁船がスケトウダラを獲っていました。しかし、1990年代に入って資源が減り、漁獲量も激減し、さらに乱獲のおそれが出てきました。しかしスケトウダラの場合、乱獲によって資源が減ったとは必ずしも言えません。多くの水産資源は、気候変動により、数年から約十年程度の幅で資源量が自然に変動するからです。

スケトウダラ資源が減った後、このままとり続けていては資源が枯渇してしまうということで、羅臼漁協では2004年に、漁船の数を86隻に減らしました。ほぼ半減させたことになります。

もちろん、辞める人は別の仕事を探さねばなりません。辞める人と残る人の間で反目も生じることでしょう。羅臼漁協は、漁協として辞める人に補償金を出したそうです。これを「とも補償」といいます。行政でなく、漁協が自主的に補償することは、世界的にも珍しいことだと言われています。

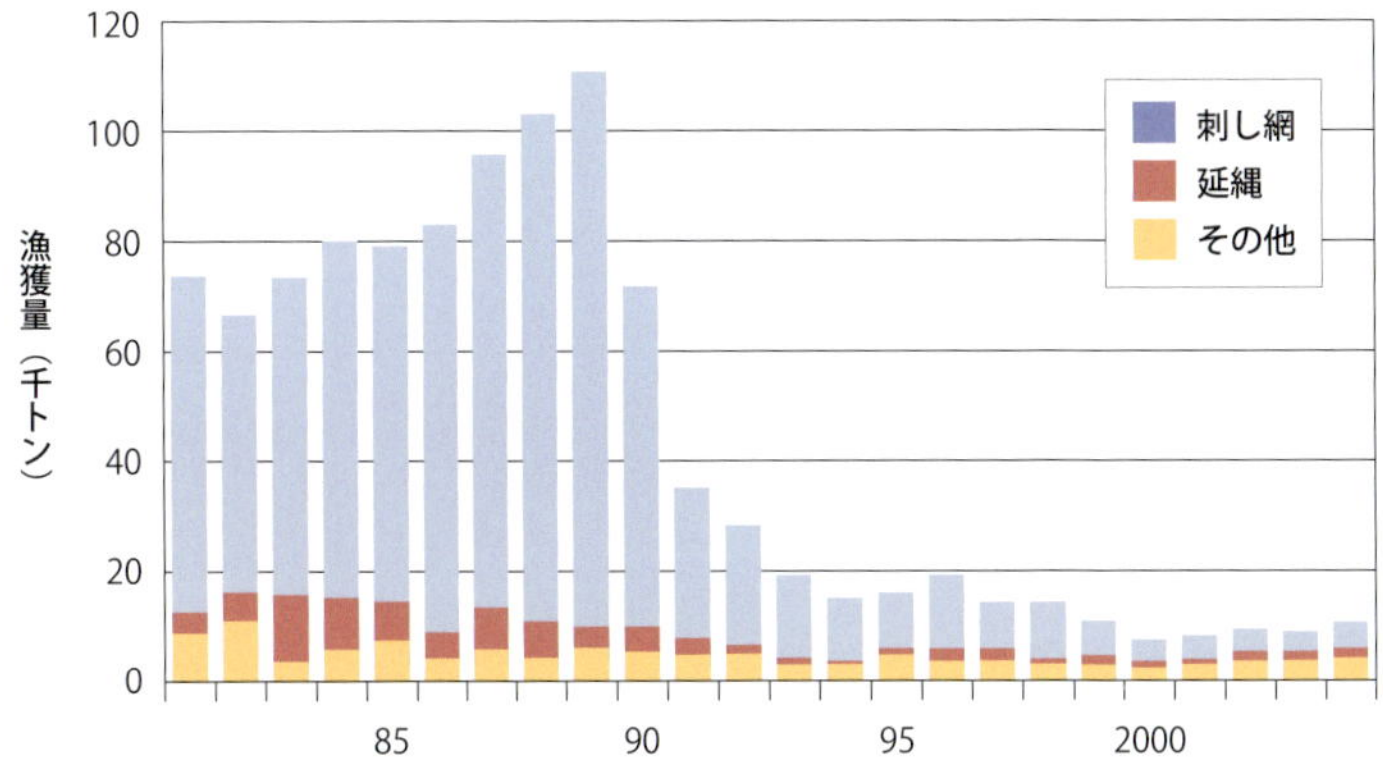

図3. 日本のスケトウダラ漁獲量の年次変化（水産庁「資源評価票」より）

乱獲をしないために

乱獲がとまらない理由の一つは、漁業の場合、漁船や網の値段が高いことです。漁業の費用は、操業日数に比例してかかるわけではありません。船や網を買った費用は、漁を休んでも減らないのです。また、船は動かさなければ傷まないというものではありません。むしろ、使わないほうが短命でしょう。家屋や自動車と同じです。

ですから、いったん漁船を持ったら、資源が減っても、漁船が廃船になるまで漁業を続けたいと思うでしょう。ところが、多くの水産資源は、漁船の寿命ほどには高水準の時代が長続きしないものです。だからといって資源が減った後もしつこく獲り続けたら、資源はさらに減ってしまいます。環境が回復しても、残っている親が少なければ、資源はなかなか回復できません。気をつけて獲っていれば平均的に高水準で変動するはずの資源が、きわめて低水準で変動することになるのです。

1990年ころにクロマグロの乱獲が問題になったとき、日本政府はマグロ漁船を減らそうとしました。しかし、その船は外国に売られ、結局は外国籍の船としてマグロを獲り続けてしまいました。かえって日本政府の管理の手が届かない状態になっただけだったのです。

ですから、補償して減船を実現したことは、たいへんな成果なのです。私たち科学委員会が知床を視察したときにお世話になった観光船も、元は漁船だったそうです。決して彼らが快く辞めたとは感じませんでしたが、補償がなければ、このような転業は資源がさらに減るまで進まなかったでしょう。

このように、IUCNの要請に対応した季節禁漁区の拡大は、とも補償による減船など、それまでの漁業者の自主的な取り組みの一環だったのです。

知床を世界遺産に登録するにあたり、われわれ科学委員会は、この取り組みを英語で世界に説明しました。今まで、このような日本の沿岸漁業の共同管理の実態は、外国によく知られていませんでした。その多くは地元の話し合いに基づくもので、政府の公文書になっていません。海外の研究者でも、日本政府の公文書はある程度把握できますから、行

カタクチイワシ（撮影／関勝則）

政措置が少ないことだけが知られ、日本が漁業管理の無法状態のように思われていたようです。しかし実際には、行政措置が少ないのではなく、措置そのものが必要ない状態だったのです。

大事なことは、実際に乱獲を防ぎ、持続可能な社会を維持することで、立派な法律や行政規制をすることではありません。法律が守られないことは多々あります。形だけで評価するのではなく、中身が大切です。知床世界遺産の登録の経緯は、図らずも、日本の共同管理の実態を世界に周知する絶好の機会となりました。

海域管理計画

科学委員会と政府は、ＩＵＣＮの勧告に応じて、海域管理計画を作ることになりました。私は科学委員会の海域ワーキンググループの一員として、この作業に加わりました。そのときに私が提案したのは、「すでにできている家の設計図を描く」と言う方針です。つまり、新たな規制をするのでなく、すでに漁協が取り組んでいることを明文化することが、この管理計画の使命と考えました。もう一つは、そのような漁業の取り組みと海域生態系の持続可能性の関係を明らかにすることです。そのために、図４のように、海域生態系の捕食関係を表す「食物網」を描きました。この図の素案は、この海域の生物相目録から、私が自分の学生に頼んで描いてもらったものです。どの種がどの種を食べるかと言う情報は、一般論として国際的なデータベースにもある程度載っています。それを、科学委員会のさらに詳しい専門家に修正していただいたものです。

図４は海域生態系の食物網ですが、ヒグマのような陸上動物も含まれています。サケ類は川をさかのぼり、ヒグマに食べられます。これは、知床世界遺産の特徴である陸と海の生態系のつながりを現しています。

この図を見ると、大半の生物が人間に利用されていることがわかります。ヒグマのように漁業以外の利用もありますが、人間が利用しているものは、毎年の漁獲（捕獲）統計がほぼ揃っています。

漁獲統計には、水揚げされた魚の重量（漁獲量）と金額（漁獲高）の両方があります。これらは、漁業資源がどのくらい獲得されたか、どのように変化したかを示す資料です。

このうち漁獲高の年次変化をグラフにしたのが図５です。先に述べたように、水産資源は自然変動します。知床でも、１９９０年代初頭まではスケトウダラとサケ類が主要な水産資源でしたが、その後はスケトウダラが減り、スルメイカ、昆布、ホッケなどが年によって２番目の漁獲高を占めるようになっています。多くの魚種を利用しますが、経済的には上位２種が総漁獲高の大半を占めていることがわかります。

漁獲高は漁獲量と平均魚価をかけたもので、漁獲量も海の中の資源量そのものではありません。しかし、漁獲量と漁獲高があれば、それなりに生態系の情報を得ることができます。特に、日本のように、多くの魚種を利用し、その統計を取っていると、生態系についてより多くの情報が得られます。漁業から得られる情報は、海洋生態系の状態を知り保全をはかるうえで貴重なのです。

スケトウダラ（撮影／関勝則）

ミズダコ（撮影／関勝則）

タラバガニ（撮影／関勝則）

キチジ（撮影／関勝則）

さらなる外圧

さて、2005年に知床は世界遺産に登録されましたが、地元も手放しでは喜べませんでした。登録の際、ダム問題と観光客過剰問題の将来の解決、海域管理計画策定を急ぎ、その中で海域保全の強化方策と海域部分の拡張の可能性を明らかにするとともに、異例なことに、2年後に再び調査団を迎えることを求められたのです。この報道を聞いた当時の脇羅臼町長は、世界遺産登録の喜びもつかの間、「知床が遺産に登録されると、漁業規制がどんどん膨れあがるのではないかという羅臼の漁民の心配が、現実となった」と語ったと、当時の読売新聞は報じています。

世界遺産は、毎年条約会議が開かれ、その場に国際環境団体も多く詰め掛けます。また、ユネスコ本部やIUCNにも彼らからの働きかけがあるようです。2004年にIUCNのサケ専門家グループの研究者が知床を訪問した際にも、知床のダム（河川工作物）がサケ類の遡上を妨げていることを指摘し、「知床が日本の河川環境の保全の手本となってほしい」と語ったそうです（読売新聞）。たとえば、ガラパゴスは世界遺産に登録されましたが、ナマコ漁業が遺産価値を損なっていると批判され、一時は危機遺産とされました。登録されても、まだ安心はできません。

2008年2月に、再びIUCNのシェパード氏とユネスコのラオ氏が調査団として知床を訪れました。

その際には、私は世界遺産最奥部（知床岬）でエゾシカの大量捕獲を行うことを説明し、納得してもらいました。日本全国でシカの増加が問題になっていますが、知床も例外ではなかったのです。増えすぎたシカは植物を食い荒らし、生態系を変化させてしまいます。登録地の自然を保護していく、という世界遺産の目的のためには、シカの駆除はどうしても必要だからです。晩餐《ばんさん》会では、彼らの前でエゾシカを食べて見せました（おいしいです）。

しかし、漁業被害をもたらす絶滅危惧種のトドについては、駆除の数を制限したとしても、駆除し食べることを納得してもらえませんでした。羅臼町にはトド肉料理を出す店もありましたが、その後このメニューは今はなくなってしまったそ

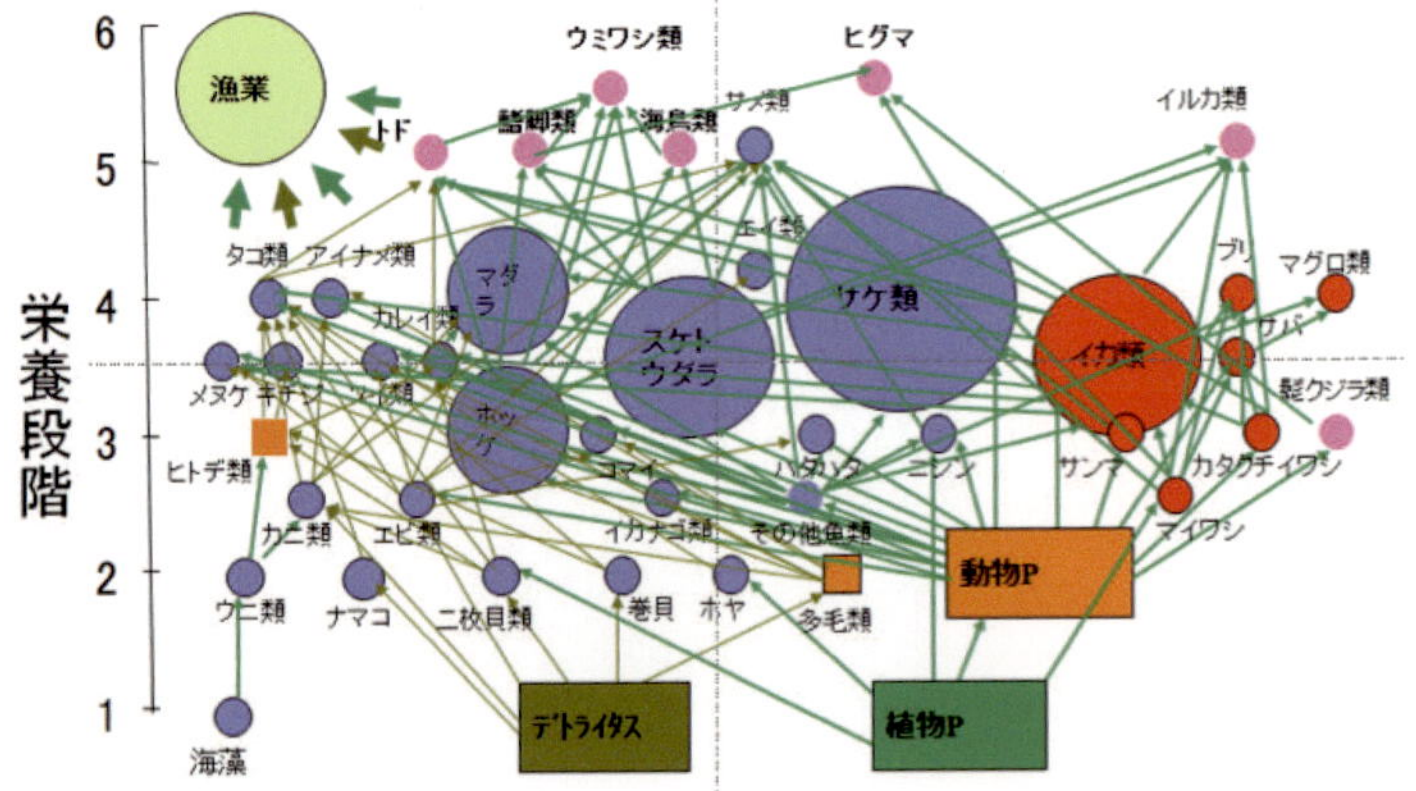

図4　知床海域の食物網（知床世界自然遺産科学委員会資料より）
矢印は捕食関係、丸と四角はともに種または分類群で、大きな丸は資源量が多いもの、四角は人間が利用していないものを表す。

トドの群れ（提供／知床斜里町観光協会）

ホタテ（撮影／関勝則）

うです。

知床には昔はトドが数多く来遊し、漁業被害をもたらしていましたが、近年は小樽方面の来遊数が増え、知床遺産地域の駆除は減っていました。しかし、再び知床近海の来遊数が増えるつつあります。私たちも、永久に獲らないとは返答しませんでした。

トドによる漁業被害が増えるなか、現在駆除は行われていますが、トドがこれ以上減らないように、「潜在的生物学的除去数」という生態学的な指標にのっとって、北海道全体で採捕数を制限しています。そのため、日本に来遊するトドの個体群は順調に回復しています。日本の環境省レッドリストでは、2012年にトドは準絶滅危惧種に格下げされました。IUCNのレッドリストでは、西ベーリング海の個体数が減っているために、絶滅危惧種（EN）のままです。しかし、日本近海の個体群は西ベーリング海とは別の個体群ですから、大きな問題にはならないでしょう。

増えすぎたエゾシカの個体数の管理は不可欠。（撮影／関勝則）
＊：エゾシカについては、本シリーズ第3巻p.48〜59も参照。

図6. 害獣駆除で捕獲したトドの肉は美味で、かつては羅臼町の料理店や旅館で陶板焼きや刺身などの形で提供されていたが、現在は「幻の肉」となっている（提供／毎日新聞社）

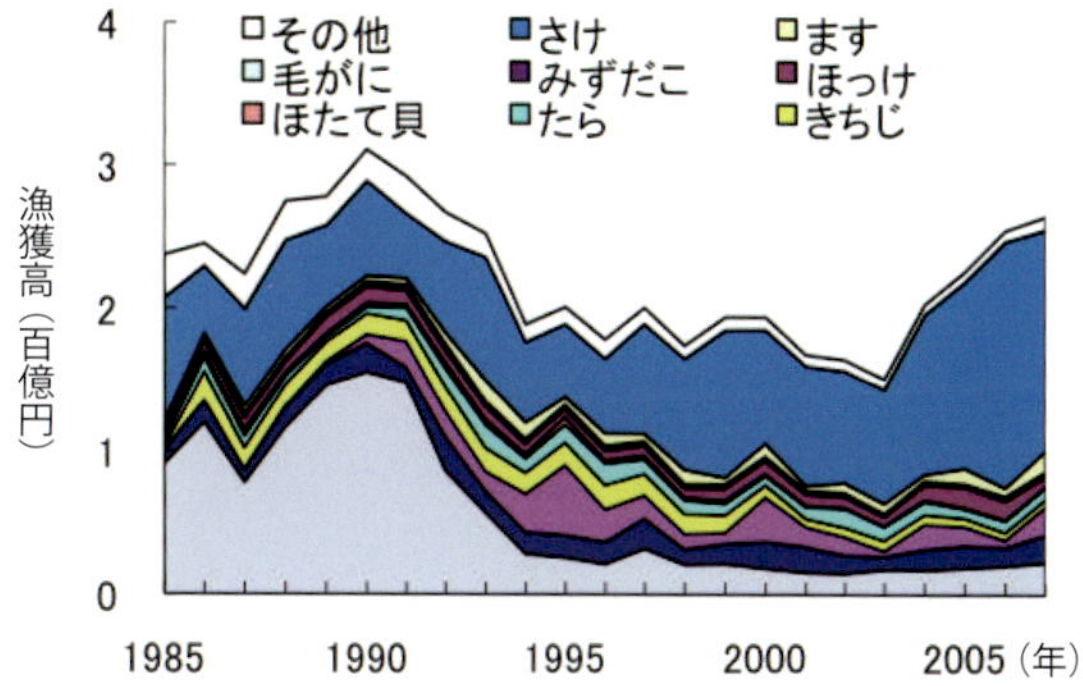

図5 知床海域（羅臼町、斜里町）の漁獲高の年次変化（北海道水産現勢より作図）。

「素晴らしいモデル」

2008年2月の調査団に対して、政府だけでなく、科学委員会と漁協も説明に当たりました。図7の写真では、環境省がIUCNの隣で聞く側に回っていて、私を含めた科学委員会が説明しています。調査団には多くの環境団体が嘆願していたでしょうが、その疑問の多くを解消できたと思います。

そして、調査団の報告書には、以下のように記されました。「調査団は、知床世界遺産の保護について、特に2005年の世界遺産委員会とIUCN技術評価書からの勧告に対し、日本は良好な進捗を遂げている旨確認した。調査団は、特に（知床遺産の）全てのレベルの関係者が遺産の顕著で普遍的な価値を確実に維持し、次の世代へとそのままの形で引き継ごうとする強い責任感に感銘を受けた。これは、北海道知事、斜里町長、羅臼町長が2005年10月に署名した『世界の宝 しれとこ宣言』によくあらわれている。また、調査団は、地域コミュニティや関係者の参画を通したボトムアップアプローチによる管理、科学委員会や個々の（具体的目的に沿った）ワーキンググループの設置を通して、科学的知識を遺産管理に効果的に応用していることを賞賛する。これらは、他の世界自然遺産地域の管理のための素晴らしいモデルを提示している」。

これは最大級の賛辞です。このときから、知床は世界遺産に「ようやく登録された」という認識から、世界のお手本の一つになったと言えます。環境省はその後、4番目の登録を目指す小笠原だけでなく、既存の登録地である屋久島と白神にも、科学委員会を作りました。また、2010年には、国際コモンズ学会が知床登録の顛末を「日本の沿岸漁業の共同管理」と題して、世界のインパクトストーリーの一つに選びました。

知床から世界遺産を変えられるか

世界自然遺産は、定期的に状況をユネスコ本部に報告します。その質問票を見る限り、自然資産を利用することにプラスの評価はありません。持続可能な利用をすればマイナスにはなりませんが、利用しないより高い評価は得られません。

世界遺産と並ぶ自然保護区制度に、ユネスコ人間と生物圏（MAB）計画のユネスコエコパークとユネスコの支援事業である世界ジオパークがあります。ユネスコエコパークと世界ジオパークは、それぞれ貴重な生態学的要素と地学的遺産を持つことが登録基準になります。同時に、両者とも、それらを活用した地域振興も評価対象となります。その点で、世界自然遺産とは性格が異なります。

ただし、両者とも、はじめからそうだったわけではありません。1970年にMAB計画が発足した当時は、生物圏の保護とその教育研究活動への活用が重視されていました。1995年頃から、貴重な自然の核心部分を保護し、その周辺に移行地域を設けて持続可能な活用を図っていく戦略に変わりました。両者に矛盾が生じないよう、その中間に緩衝地域を置く、ドーナツ状の構造がユネスコエコパークの基本形になっています。

屋久島や韓国の済州島、南米のガラパゴス諸島のように、世界遺産とユネスコエコパークの両方に登録さ

流氷の上を歩くツアーもある。（提供／知床観光協会）

図7　知床世界遺産調査団として我々の説明を聞くユネスコのラオ氏（前列中央左）とIUCNのシェパード氏（同右、2005年2月5日、松田撮影）

れた場所もあります。その場合、ユネスコエコパークの核心地域を世界遺産に登録するのが普通です。つまり、世界遺産は守るべき部分だけを登録して、ユネスコエコパークには活用も図る部分も含めるわけです。知床では、先に述べたように、世界遺産地域に緩衝地域も含めていました。2007年の世界遺産条約会議で、登録地内の場所を緩衝地域と呼んではいけないという決議があがりました。これは、世界遺産がユネスコエコパークとの差別化を図っていると言えるでしょう。知床でも、特に実態は変わりませんが、核心、緩衝地域をそれぞれA、Bゾーンと改称しました。また、世界遺産登録地はそろそろ1000か所に達しようとしていますが、登録は年々厳しくなっているようです。

　しかし、過去において世界遺産やユネスコエコパークの性格が変わったように、将来また変わることもあるでしょう。漁場を含めて世界遺産に登録した知床は、現在の標準からは外れているかもしれません。しかし、調査団が高く評価したように、未来の世界遺産のモデルになるかもしれません。ユネスコエコパークも世界ジオパークも、時代を経て、地域が自然資産を持続的に活用することを薦める道を選んだのです。

　やがて、知床から世界の世界遺産と自然保護の考え方が変わる日が来るかもしれません。それを実現することが、新たな知床の挑戦の一つといえるでしょう。

世界の宝 しれとこ宣言

　知床は、海と陸の生態系と生物の多様性が類いまれな価値をもつ、世界自然遺産です。

　知床は、北半球で流氷が接岸する世界最南端の地であり、海から陸に繋がる生態系の微妙なバランスの下で多様な動植物が混在し、オオワシやオジロワシなどの国際的希少種の重要な繁殖地にもなっています。そして豊かな海の恵みは、遡上する魚によって森に運ばれ、そこに生息するヒグマなどの動物を育んできました。この大いなる知床の自然環境は、いにしえの時代から、この地に息づく多様な「いのち」の営みを支えています。

　世界自然遺産「知床」を、人類共有の財産として、次の世代に責任を持って引き継いでいくためにも、私たちは、尊い歴史の歩みと大地の記憶を心に刻み込み、アイヌの人達をはじめ地域の先人達がこれまで培ってきた知恵と技術をしっかり学びながら、道民一丸となって世界に誇る知床の適正な利用と保全に努めていくことをここに宣言します。

平成17年10月30日
北海道知事　高橋 はるみ
斜里町長　午来 昌
羅臼町長　脇 紀美夫

人を恐れぬクマと、クマを恐れぬ人

最後に、知床のヒグマの話をします。最近、北海道では市街地までクマが出没し始めています。クマによる農業被害だけでなく、人が襲われる人身事故も増えています。多くのクマは人を避けます。なぜかと言えば、狩猟者を避けているのだと考えられます。しかし、銃を持たない人間は、クマよりはるかに弱い存在です。銃ではなく、カメラを構える観光客を、いつまでも避け続けるとは限りません。知床には年間約200万人の観光客などが訪れています。小型観光船からのヒグマ観察は人気を博しています。2012年に、科学委員会は知床半島ヒグマ保護管理方針を策定しました。その特徴は、1～5の順に、クマを優先する場所から人を優先する場所まで5つのゾーンに分けたことです（図8）。

人とクマが共存できるのは、人がクマをある程度保護し、クマが人を避けているからです。図9のように、クマを見に行く丸腰の観光客が増えると、この共存は危うくなりかねま

せん。クマの怖さを知らない観光客の多い知床では、人身被害発生のリスクだけでなく、人を恐れぬクマを作り出すリスクが増しています。このヒグマは、その後市街地にも出没するようになり、やむなく駆除されたそうです。

知床で、そして北海道全体で、クマと人が共存できるかどうかは、人間のクマとの接し方にかかっているといえるでしょう。保護するだけが共存の道ではありません。

ヒグマ保護のゾーニング

ゾーン1はクマ優先、ゾーン5は人優先。クマとの共存には、むやみに近づかないことも大切。

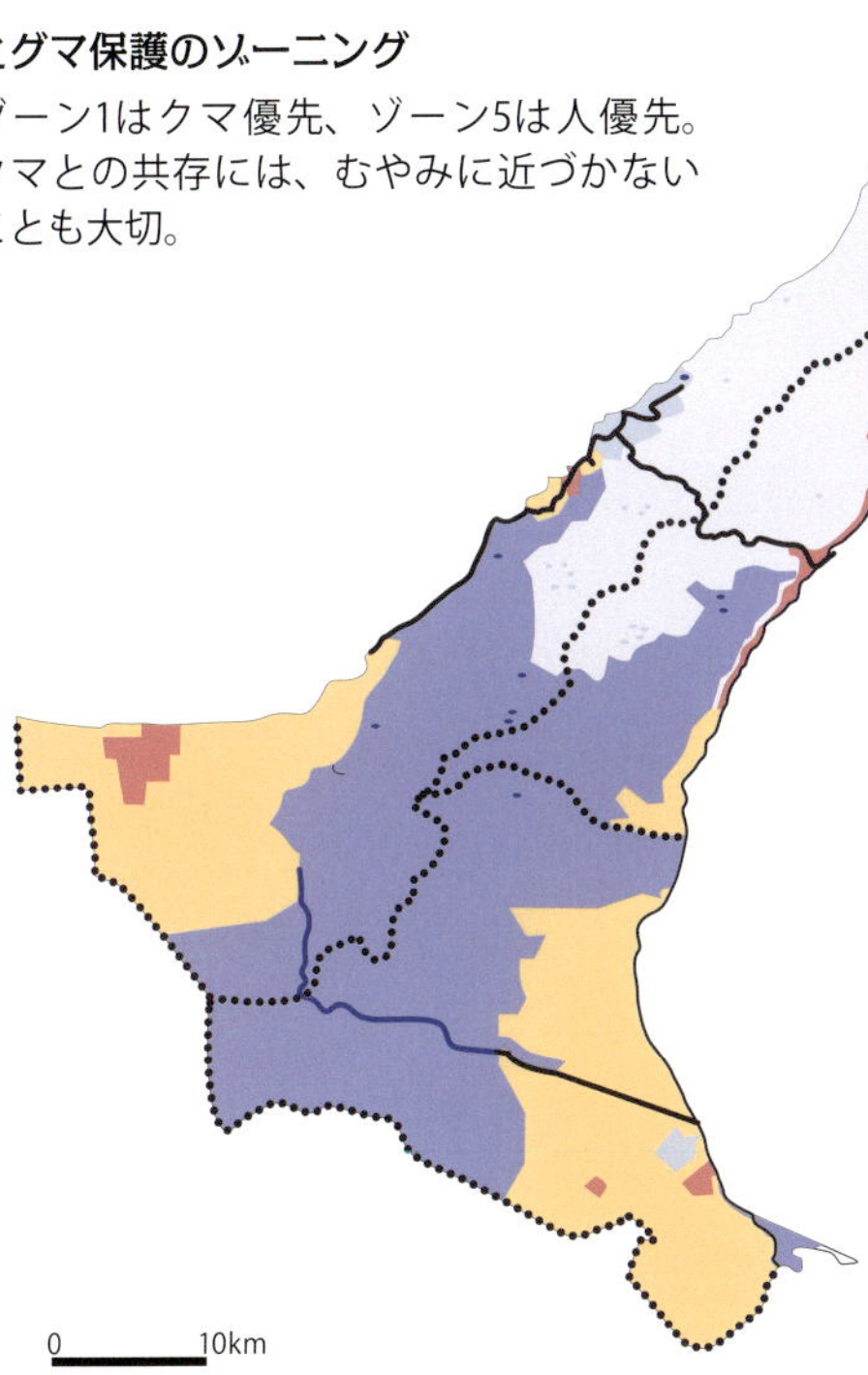

ゾーン1：全体が遺産地域。人が住んでおらず、訪れる人も少ないところ。
ゾーン2：住む人はわずかだがある程度人が訪れる遺産地域と、住む人はいないが林業などの仕事や山菜採りなどで人が訪れる山林・山岳地。
ゾーン3：住む人が少数いたり番屋が比較的多い遺産地域と、観光客など利用者の往来が比較的多い、利用拠点がある遺産地域
ゾーン4：住む人が少数いたり、小規模な集落がある隣接地域。林業や漁業が行われる。
ゾーン5：隣接地の市街地とその周辺。

図9　野生のヒグマの間近に観光客が。事故は、ヒグマにとっても駆除の危険につながる。

小型観光船による海からのネイチャーウォッチングは人気が高い。ヒグマの生態を知らない一般観光客も、安心して観察できる。廃業した漁船にとっては、新たな活躍の場だ（提供／毎日新聞社）

■ 日本生態学会とは？

日本生態学会は、1953 年に創設されました。生態学を専門とする研究者や学生、さらに生態学に関心のある一般市民から構成される、会員数 4000 人余りを誇る、環境科学の分野では日本有数の学術団体です。

生態学は、たいへん広い分野をカバーしているので、会員の興味もさまざまです。生物の大発生や絶滅はなぜ起こるのか、多種多様な生物はどのようにして進化してきたのか、生態系の中で物質はどのように循環しているのか、希少生物の保全や外来種の管理を効果的に行うにはどのような方法があるのか、といった多様な問題に取り組んでいます。また、対象とする生物や生態系もさまざまで、植物、動物、微生物、森林、農地、湖沼、海洋などあらゆる分野に及んでいます。会員の多くが、自然や生きものが好きだ、地球上の生物多様性や環境を保全したい、という思いを共有しています。

毎年 1 回開催される年次大会は学会の最大のイベントで、2000 人ほどが参加し、数多くのシンポジウムや集会、一般講演を聴くことができます。また、高校生を対象としたポスター発表会も行っており、次代を担う生態学者の育成に努めています。学術雑誌の出版も学会の重要な活動で、専門性の高い英文誌「Ecological Research」をはじめ、解説記事が豊富な和文誌「日本生態学会誌」、保全を専門に扱った和文誌「保全生態学研究」の 3 つが柱です。英文はちょっと苦手という方も、和文誌が 2 種類用意されているので、新しい知見を吸収できると思います。さらに、行政事業に対する要望書の提出や、一般向けの各種講演会、『生態学入門』などの書籍の発行など、社会に対してもさまざまな情報を発信しています。

日本生態学会には、いつでも誰でも入会できます。入会を希望される場合は、以下のサイトをご覧下さい。「入会案内」のページに、会費、申込み方法などが掲載されています。

http://www.esj.ne.jp/esj/

エコロジー講座6

世界《せかい》遺産《いさん》の自然《しぜん》の恵《めぐ》み

日本生態学会《にほんせいたいがっかい》 編

増澤武弘《ますざわたけひろ》・澤田《さわだ》 均《ひとし》・小南陽亮《こみなみようすけ》 責任編集

2013年4月20日　初版第一刷発行

デザイン　ニシ工芸株式会社

発行人　斉藤 博
発行所　株式会社文一総合出版
〒162-0812　東京都新宿区西五軒町2-5　川上ビル
TEL: 03-3235-7341
FAX: 03-3269-1402
郵便振替　00120-5-42149
印刷所　奥村印刷株式会社

ISBN978-4-8299-7301-1
Printed in Japan